职业教育**烹饪专业**教材

日本料理制作

主　编：温雪秋　何建明
副主编：卢志文　古国青　伍永乐

重庆大学出版社

内容提要

本书将日本料理基础知识和日本料理制作技能相结合，根据五星级酒店日本厨房岗位设置标准，对日本传统菜肴的制作，按照"任务引领、实践导向"的课改理念设计教学内容，让学生综合运用日本料理基础知识和烹调方法，全面掌握日本料理的制作技能。本书由10个项目组成，精练地阐述了日本料理理论知识和菜肴制作等相关内容。全书图文并茂，通俗易懂，突出知识与技能的实用性。

本书既可以作为职业教育烹饪专业的实训教材，也可以作为餐饮从业人员技能培训教材和参考用书，还可以作为热爱日本料理制作的社会人士指导用书。

图书在版编目（CIP）数据

日本料理制作 / 温雪秋，何建明主编. -- 重庆：
重庆大学出版社，2020.9
职业教育烹饪专业教材
ISBN 978-7-5689-1509-0

Ⅰ.①日… Ⅱ.①温…②何… Ⅲ.①烹饪—方法—
日本—中等专业学校—教材 Ⅳ.①TS972.119

中国版本图书馆CIP数据核字（2019）第036780号

职业教育烹饪专业教材
日本料理制作
主 编：温雪秋 何建明
副主编：卢志文 古国青 伍永乐
策划编辑：沈 静
责任编辑：杨 敬 唐海鹏 版式设计：博卷文化
责任校对：万清菊 责任印制：张 策
*
重庆大学出版社出版发行
出版人：饶帮华
社址：重庆市沙坪坝区大学城西路21号
邮编：401331
电话：（023）88617190 88617185（中小学）
传真：（023）88617186 88617166
网址：http://www.cqup.com.cn
邮箱：fxk@cqup.com.cn（营销中心）
全国新华书店经销
重庆长虹印务有限公司印刷
*
开本：787mm×1092mm 1/16 印张：6.5 字数：165千
2020年9月第1版 2020年9月第1次印刷
印数：1—3 000
ISBN 978-7-5689-1509-0 定价：33.00元

前　言

我本科学习的是烹饪营养教育专业，研究生学的是营养与卫生专业，如果要问我为什么会出版《日本料理制作》这本书？我想了想，原因有两个：一是我工作变化，需要教授日本料理课程，却找不到相关的教材资料，出版本书也是顺应市场需要。二是我研究了大量资料，发现日本料理确实是对营养配餐较好的阐释。因此，我决定和日本料理大师们一起来开发日本料理教材。

如今，日本料理在全球广受欢迎，成为众餐饮品种中的新宠儿。在《米其林指南》中，日本取代法国，成为世界上米其林三星餐馆最多的国家。日本料理是世界菜系的重要组成部分，是一颗璀璨的明珠。在我国，日本料理行业的发展也显示出它强大的生命力，在我国30多个省、自治区、直辖市都有日本料理企业，广布于60%以上的地级城市，日本料理更是发展到了云南丽江、西藏拉萨、宁夏银川等偏远地区。

那么，日本料理为什么能够迅猛发展，受到越来越多人的接受和喜爱呢？我通过总结和分析，得出以下3个方面的原因：

1. 轻烹调，以鱼类为主

当今时代倡导轻烹调，以还原食物本真的味道，让人们能品尝到原汁原味的美味。日本料理正是符合这一点才在激烈的市场竞争中脱颖而出。日本料理使用"消极"的烹饪方式，更偏向凸显生鲜食材原汁原味的理念，在吃饭中讲究绿色健康，轻烹调。因此，日本料理是已知的各个国家的菜品中较为健康的一种。《福布斯》曾刊文称，在世界饮食健康榜上，日本料理排名第一，食物导致肥胖率仅为1.5%。同时，以鱼肉为主的日本料理含有较高的蛋白质、较低的脂肪，特别是在深海鱼里还含有EPA和DHA，不仅可以健脑益智，还可以防止心脑血管疾病的发生。

2. 精致的菜品和禅意的摆盘

日本料理摆盘简洁、轻快，强调菜肴自身的质朴美，唯美的日式禅意也运用得恰到好处，让人好感大增。优秀的日本料理大师不仅精确留存食材的本味，更会通过色彩和器皿的碰撞带给食客一场艺术之旅。日本料理符合当下的审美品位，让人不得不爱。

3. 令人钦佩的匠人精神——一生专注做一事

"匠人文化"源自明治维新时期的日本。那时候，匠人也称职人，是指专注于手工艺制作行业的劳动者，这部分手工劳动者普遍拥有"精益求精且极其认真的手工精神"。所谓"工匠精神"，其核心就是，不仅仅把工作当作赚钱的工具，而是树立一种对工作执着，对所做的事情和生产的产品精益求精、精雕细琢的精神。他们做到了极致，称为"匠人"。在日本，匠人们大多一生只做一件事，用一生的时间钻研一行，有的行业还出现一个家族十几代人只做一件事的情况。例如，纪录片《寿司之神》里的全球最年长的米其林三星餐厅厨师小野二郎，他从10岁开始做寿司，到90岁还在做寿司，并且乐此不疲，精益求精。有着这样匠人精神的职人做出来的寿司能不好吃吗？

本书为适应市场需求，为满足热爱日本料理文化及菜品的人士的需要编写。本书由广州市旅游商务职业学校温雪秋担任第一主编，负责全书所有项目的编写和统稿；广州白天鹅宾馆何建明担任第二主编，负责全书的审稿工作，并制作了部分作品。广州市旅游商务职业学校卢志文担任日本书籍资料的翻译；广州市旅游商务职业学校古国青和深圳市植能量生物科技有限公司伍永乐参与了资料的收集，并编写了部分任务。编者在编写过程中，得到广州香格里拉大酒店滩万日本厨房主管余海艺、张振钊的帮助，以及日本料理专业学生蔡诺钧、梁浩荣、方家杰、刘家豪、李瀚聪等同学的帮助，在此向相关人士表示衷心的感谢。

　　由于编者水平有限，书中疏漏之处在所难免，恳请广大读者批评指正。

温雪秋

2020年3月

Contents
目　录

项目8　主食与其他

项目9　汤品

项目10　日本清酒

日本料理基础

【教学目标】

知识目标：了解日本料理文化及其特点。

能力目标：学会使用日本料理的调理用具，制作日式高汤。

情感目标：培养对日本料理的热爱，遵守操作规范。

【内容提要】

1. 日本料理文化。
2. 日本料理特点。
3. 日本料理调理用具和使用方法。
4. 日式高汤制作。

任务1 日本料理文化与特点

1.1.1 日本料理文化

1）日本的自然风光与食物

日本大部分区域属于季风带，其自然环境的形成受季风影响极大。因为充沛的雨量孕育了丰富的水资源，季风带来的暖湿气流使日本大部分地区气候温和湿润，所以有较为肥沃的土地和丰富的植被。日本全境大小溪流遍布，大部分土地为森林所覆盖，森林中生长着种类繁多的各色果实和野生根栽类植物，如栗子、橡子、核桃等硬果，以及葛藤、蕨菜、天南星等野生根栽类植物。但是，由于日本列岛除了少量的山间盆地、河口的三角洲和海边的冲积性平原外，绝大部分区域是山地，因此，尽管列岛上的居民发挥了极大的聪明才智，试图将倾斜度50度以下的土坡开发为耕地，实际可耕地面积仍不足国土总面积的20%，这就迫使日本农业形成了精耕细作的特色。

日本是一个海洋性国家，四面环海。日本的国土特点是南北跨度较大，降雨充沛（平均降雨量为1 800毫米，而世界平均为700毫米）。这使日本气候湿润、四季分明，境内多山川河流，并被海洋环绕，山、河、海的物产丰富。日本列岛的气候给渔业带来了重大的影响，在日本近海生息着3 830种海洋动物，日本列岛的北部是世界三大渔场之一。在由阿部宗明等监修的四卷本的原色图鉴《鱼》中，收录了日本人常食用的鱼虾贝类共270种。其中，金枪鱼、大马哈鱼、鲷鱼、鲣鱼、墨鱼以及各类虾和贝类等都是现代日本人餐桌上的常见品。这里要着重指出的是，日本人对海产品尤其是海藻类食物的喜好及食用量之大可谓举世无双。目前，在日本海域可获取的海藻中，可食用的约为70种，常见的有昆布、裙带菜、海苔等，食用的方法有用醋凉拌、用酱油和糖煮至入味、做汤、做刺身的配料、干燥后食用或充作各类点心的部分原料等。

2）日本饮食文化与东亚区域的关联

我们从世界版图上观察日本，会发现从九州到北海道，国土基本上呈现西南到东北的狭长走向，西面与朝鲜半岛和中国东部隔海相望，北面与俄罗斯的萨哈林岛相邻近。从地理上来说，日本处于亚洲东端，东面即是浩瀚无垠的太平洋。这样的地理位置，就基本决定了日本文明的起源主要来自其西部，包括西南和西北地区。

日本的饮食文化兼收并蓄，吸收借鉴了中国、朝鲜及东南亚各国的外来文化；并且随着近代欧美文化的传入，又吸收了欧美的饮食文化，由此融合发展而来。

日本是与我国一衣带水的邻邦，中日文化交流了数千年。两国隔海相望，舟船往来，互通有无。中国饮食与日本饮食，同属东方文明的产物，具有含蓄、优雅的特点。大和民族是一个富有创造思维的民族，特定的地缘环境，有限的自然资源，促使他们不断创新，进而独树一帜，这都源于大和民族对人与自然的独特领悟，形成了具有大和民族精神的日本文化，其重要组成部分就是"饮食文化"。

说到"吃"，日本饮食独特风味的形成与其岛国的地理环境及东方传统文化是分不开的。日本人的饮食生活，素有主食与副食之分。与中国一样，日本也是以米为主食的国家。日本人爱吃米，并且对米非常挑剔。他们衡量米好不好吃，主要看米饭的香味和黏度，能够满足这两项要求的米就是好米。日本四面环海，由4 000多个岛屿组成的日本列岛，气候温和、四季分明，有得天独厚的新鲜海产，所以副食多为新鲜鱼虾等海产，常配以日本酒。日本菜的特点是季节性强，味道鲜美，保持原味，清淡不腻，且许多都是生吃。另外，说到日本饮食，不得不提到其主要调味品——酱油。它在日本被誉为调味品之王，几乎可用于任何菜。日本饮食发展到今天的水平，酱油的功劳很大。

中国菜讲究"色、香、味"，日本菜讲究"色、形、味"。通过一个"形"字，日本饮食文化的特征就体现出来了。虽然日本菜肴不讲究吃出什么滋味，但很注重"形"，所以日本菜肴是用眼睛"吃"的。由此可见，日本菜肴注重精工细作，讲究色彩的搭配和摆放的艺术。精美的餐具使人在用餐时，不仅满足了饮食基本要求，而且能欣赏到一件件艺术品，得到一种美的享受，使整个饮食环境处处洋溢着含蓄内敛却依然让人不可忽视的美。而重视历史的日本人更是把古人的饮食习惯一丝不漏地继承下来。

说到"喝"，以"茶道"为例，可以说是日本独特的饮食文化。茶道是以沏茶、品茶为手段，用来联络感情且富有艺术性、礼节性的一种独特活动。它是日本文化的结晶和代表，又是日本人生活的规范和心灵的寄托。茶道的内容是丰富的，几乎将东方文化的所有内容都囊括在一个小小的茶室里。事实上，日本茶文化的历史是随着中国茶文化的历史发展而发展起来的。可以说，中国饮食文化对日本历史影响极其悠久。日本人爱喝酒，除啤酒外，日本酒的用量也相当可观。日本人一般在进餐时，都习惯配以温热的日本酒一起享用。另外，日本人习惯下班后三五成群地去喝酒，同客户、同事或上司一起喝酒，以增进人际关系。然而，在"喝"的方面有与中国不同的地方，比如中国人的早餐喜欢喝热粥，但日本人早餐喝的果汁、牛奶都是冰的。

最近几十年来，日本人的生活方式在各个方面都发生了深刻的变化，其中最剧烈的变化莫过于日常饮食。今天的日本，随着人们口味的多样化和西方文化的不断影响，各种食品充斥市场，烹调方式也各有千秋。从欧式面包到方便面，从麻婆豆腐到通心粉，从16世纪传自葡萄牙的"天麸罗"（油炸食品，现也常写成"天妇罗"）到19世纪中叶一些离经叛道的医科学生发明的"寿喜烧"（音译"司盖亚盖"，意为煎烤牛肉），从法式大菜到韩国烧烤，从麦当劳汉堡包、肯德基炸鸡到泰国、印度小吃，应有尽有。毫不夸张地说，当今的日本已成为"世界食府"，它与日本多元的民族文化特征互为表里。

1.1.2 日本料理特点与烹调原则

1）日本料理特点

目前，在世界范围内掀起了"和食"（日本料理）的热潮。与多油多肉的西餐相比，"和食"属于健康食品，它以大米、鱼类、蔬菜为主要食材，既能美容又有益健康。从食品营养学角度来讲，它是一种较为理想的饮食模式。世界卫生组织（WHO）发布的《世界各国人均寿命排名2019》显示：日本人总体寿命预期为83.7岁，蝉联全球第一；从性别来看，日本女性平均寿命预期为86.8岁，日本男性平均寿命预期为80.5岁。专家研究证实，日本人的健康长寿与其饮食结构密不可分。

根据专家学者对日本料理的研究，本书将日本料理的特征归纳为以下3点：

（1）对食物原初滋味和季节性意味的感受

在日本，在颂扬一道菜肴制作精美时，往往会提及构成这道菜肴的各种食材的产地和出产季节，烹饪手艺固然是关键因素，但食材本身也绝不能忽视。日本人非常在意从饮食中获得四季不同的感受。时至今日，即使日本料理的内涵已经发生了相当大的变化，对季节感的追求依然是厨师和食客们孜孜不倦、乐此不疲的雅事。尚是春寒料峭的时节，一碟精致的菜肴边，横放着小小的一枝红梅，就带来了新春的消息。

日本厨师四条隆彦在他的著作中宣称："日本料理有一条原则，即其美味不能超过材料原有的滋味。"他还比喻说，做中国菜、法国菜差不多如混合运算中的加法，不断地添加各种东西进去，最后与原材料合为一体做成一道菜；而做日本菜是做减法，将其浮沫撇去，将其有碍真味的多余的汁水抽去，稍加调味或不调味，便成为一道日本菜。

（2）对食物形与色的高度讲究

对食物形与色的高度讲究是日本饮食文化的第二特征，具体的体现是餐食的盛装，日语中称之为"盛付"。在世界各种餐饮体系中，将食物装盘时完全不注意它的形状和色彩搭配大概是极少的。但像日本料理那样如此刻意讲究，并将此推向极致大概也是极为罕见的。在日本，衡量一个厨师的水准如何，主要取决于两点：刀工和一双装菜的筷子。在日本厨房中几乎见不到我们所熟知的熊熊炉火、热气蒸腾、厨师手持铁锅麻利翻炒的画面，而是厨师拿着一双长筷往盘中摁放物品的场景。

在日本的烹饪艺术中，将锅中做熟的食物直接倒在盘中几乎是难以想象的。什么样的食物选用什么样的食器，在盘中或碗碟中如何摆放，各种食物的色彩如何搭配，在日本料理中往往比调料更重要。当然，在日本料理中，最能体现出其"盛付"艺术的，应该是"刺身"。一般吃过刺身的人，会感觉刺身摆盘讲究的是一种山水画的感觉，在平坦的大盘中，用切成细丝的萝卜在左前方隆起堆成小山状，上置一片青绿色的大叶，旁边插放一枝植物，讲究色彩搭配，使人赏心悦目。在上好的日本料理屋里，面对摆放在桌上的各色料理，像是在观看一幅幅立体的绘画作品或是一件件精美的工艺摆设品。

（3）对食物器具和饮食环境的执着追求

在食物的器具中，陶瓷器一直是主角。日本人多用细腻的瓷器或是外貌古拙的陶器和纹理清晰的木器盛放食物，色彩多为土黑、土黄、黄绿、石青和磁青，偶尔也用亮黄和红色来点缀，有一种不俗的艺术气息。

如今的日本，在路上仍然难见到屋宇宏大、楼堂相连的大餐厅，而多是那种小巧雅致的店家。

总而言之，日本料理的基本特点是：第一，季节性强。第二，味道鲜美，保持原味淡而不腻，很多菜都是生吃。第三，选料以海味和蔬菜为主，加工精细，色彩鲜艳。日本料理讲究清淡、不油腻、精致、营养，着重视觉、味觉与器皿之间的搭配。

2）日本料理烹调原则

日本料理烹调原则如下：

①五味：甘、酸、辛、苦、咸。

②五色：白、黑、黄、青、赤。

③五法：生、煮、烤、蒸、炸。

日本料理的烹调特色是注重自然的原味，这是不容置疑的。"原味"是日本料理的首要精神。日本料理烹调方式细腻精致，数小时慢火熬制的高汤、调味与烹调手法，均以保留食物的原味为前提。

日本料理的美味秘诀，是基本上以糖、醋、味精、酱油、柴鱼、昆布等材料为主要的调味料。除了品尝香味以外，味觉、触觉、视觉、嗅觉等也不容忽视。

除了以上烹调手法以外，吃也有学问，一定要"热的料理趁热吃""冰的料理趁冰吃"，如此才能在口感、时间与料理食材上相互辉映，达到百分之百的绝妙口感。

1.1.3 日本料理分类与品种

1）日本料理分类

日本料理主要分为4种。

（1）本膳料理——传统正式日本料理

本膳料理出自室町时代（约14世纪），是日本理法制度下的产物。现在正式的本膳料理已不多见，只出现在少数的正式场合，如婚丧喜庆、成年仪式及祭典宴会上，菜色由五菜二汤到七菜三汤不等。

（2）怀石料理——高级料理

怀石料理是一种高级料理，原指在茶道会之前给客人准备的精美菜肴。它是日本菜系最早、最正宗的烹调系统，距今已有450多年的历史，以料理师们在进行修行与断食中，强忍饥饿，怀抱温热的石头取暖而得名。怀石料理原本是搭配茶道，将茶的美味发挥出来的料理，简单而雅致，但现今已俨然成为高级料理的代名词。

（3）会席料理——宴会料理

会席料理不像本膳及怀石料理那么严谨，吃法较自由，让人以较轻松的方式享用宴会料理。会席料理一般以"套餐"形式出现，而且不用大的器皿盛放料理，每个人都有烹饪专用器皿盛放每道单品。

（4）家庭料理——普通料理

除了宴会料理，日本家庭常见的料理菜色或市井小吃、饭、面食，以及各种好做又好吃的平民美食，统称为"家庭料理"。它们可以随时随地食用，不必拘泥于用餐规矩。

2）日本料理的品种

日本料理的品种按照烹调方法来分类，主要分为前菜、煮物、蒸物、扬物、烧物、锅物、吸物、面条、米饭等。

（1）前菜（日语又称"先付"）

前菜即凉菜，可细分为酢物、渍物、沙律等，此外也包括了小酒菜（日语称"肴"）。

（2）煮物

煮物即用燉煮或红烧方式烹调的菜肴，可按颜色分为白煮、樱煮、青煮、照煮、艳煮，也可按形状和风味分为方块煮、丸煮、姿煮、壳煮、盐煮、醋煮、味噌煮、酱油煮、咖喱煮和关东煮等。

（3）蒸物

蒸物是指以清蒸方式烹调的菜肴，能够保持食物的原汁原味和清淡鲜嫩的口感。大部分的蒸物是以鱼类、海鲜及鸡蛋为原料。蒸物可按调味料或容器分为酒蒸、盐蒸、酢蒸、壳蒸、土瓶蒸和茶碗蒸等。

（4）扬物

扬物又称炸物，是油炸类的菜肴。

（5）烧物

烧物即烧烤，可大致分为直火烧（直接与火接触）和间火烧（与火分隔开烧），如铁板烧。

（6）锅物

锅物即火锅，火锅多在寒冷日子中享用，可说是最丰盛的菜肴，其中又以各式各样材料的什锦火锅最为豪华丰盛、营养均衡，还可依个人喜好加入各式各样的材料。日本较具特色的锅物包括土手火锅、寿喜锅和涮涮锅等。传统的寿喜锅是先以牛油热锅，再依序加入大葱、牛肉、茼蒿、豆腐等，并在热度恰当时加入砂糖与酱油，口味香甜浓郁。涮涮锅则以清汤来煮熟食物，最重视食物的原味及在吃完火锅后品尝汤中的鲜味，所以汁酱也很简单，通常用酸汁或芝麻酱来调味，口味清淡、鲜美。各地也有不同特色的火锅，如北海道有石狩锅，名古屋有鸡肉锅等。

（7）吸物

吸物即汤，分为先碗和止碗两种。先碗也为清汤，主要功能是在尝另一道菜前先清除前一道菜的味道，味道较清淡。止碗一般为酱汤，是吃完饭再喝的汤，较为著名的吸物有味噌汤等。

（8）面条

面条主要有拉面、荞麦面和乌冬面三大类。

①拉面。日本拉面源于中国，在明治时代早期，拉面是横滨中华街常见的食物。19世纪80年代，拉面成为日本饮食文化的代表之一，日本各地都有人研发出独具本地风味的拉面。日式拉面配以简单的汤底和配料，成为日本人午餐的首选。

②荞麦面。荞麦面的吃法主要有两种，一种称为"盛"，另一种称为"挂"。所谓"盛"，指的是将荞麦面在大汤中煮好后捞起，在凉水中冲洗后盛入竹制的蒸笼或是竹篦中上桌；佐料盛在碗或类似酒盅的容器中，日语称为"液"或"汁"，其基本配方是酱油、味淋、出汁。吃的时候，用筷子夹起面条，放入盛有"汁"的容器内稍微蘸一下即可。这是一种最正规也最能品味荞麦面特有风味的吃法，甚至有些美食家，最初几口什么味汁也不蘸，就将荞麦面直接入口，据说这样才能真正品尝出荞麦独有的清香味，这大概是到了很高的境界。所谓"挂"，指的是将汤汁浇在面上，还可以放上各种食物，如天麸罗、蛋黄、鸭肉、海苔等。前者一般是冷食，后者多为热食，真正的荞麦面爱好者大多选择前者。

③乌冬面。乌冬面是最具大和民族特色的面条之一，是日本料理店不可或缺的主角。乌冬面是将盐和水混入面粉中制作成的白色较粗（直径4～6毫米）的面条，口感偏软，介于切面和米粉之间；再配上精心调制的汤料，就成了一道可口的面食。冬天加入热汤，夏天则放凉食用。凉乌冬面可以蘸"面佐料汁"的浓料汁食用。最经典的日本乌冬面做法，离不开牛肉和高汤。乌冬面面条滑软，酱汤浓郁，所以去日本，一定要尝一碗。

（9）米饭

米饭与中国所食米饭类似，此处不过多介绍。

任务2　调理用具与常见食材介绍

1.2.1　调理用具介绍

1）刀

刀用来切菜、生鱼片和一般食物等，要求比较锐利，主要有分切菜刀、剖鱼刀、生鱼片刀等（图1.1）。

图1.1

2）保鲜膜

保鲜膜用于做寿司反卷（图1.2）。

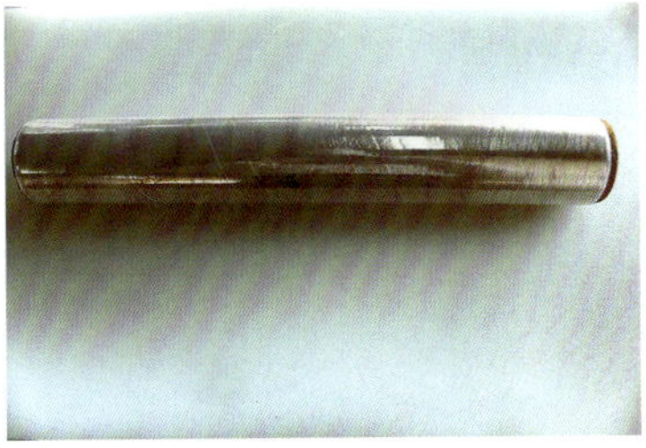

图1.2

3）寿司桶

寿司桶用于做寿司饭（图1.3）。

图1.3

4）寿司竹帘

寿司竹帘主要用于卷寿司或者卷菜（图1.4）。

图1.4

5）竹签

竹签用于做串烧等（图1.5）。

图1.5

6）器皿

器皿用于盛放料理（图1.6）。

图1.6

1.2.2 认识常见食材

1）日本酱油

日本酱油（图1.7）种类繁多，分为浓口酱油、淡口酱油、重口酱油、溜溜酱油等。浓口酱油味道较重，多做调味用途，可突出食材的原味；淡口酱油多用来烹调淡口鱼类或春天野菜；重口酱油以及溜溜酱油多用来调色。

图1.7

2）味淋

味淋（图1.8）是一种类似米酒的调味料。味淋口感甘甜，有酒味，能有效去除食物的腥味。味淋的甜味能充分引出食材的原味，是做烧类料理时不可或缺的调味料，还具有紧缩蛋白质，使肉质变硬的效果。烹调时加入味淋还能增添食材光泽，使食材呈现更可口的色泽。

图1.8

3）清酒

清酒（图1.9）用大米发酵后酿成。用大米"芯"酿造的"吟酿造"，是清酒中的极品。清酒不仅可以佐餐，也广泛用于菜肴调味中，是极佳的调味品。

图1.9

4）味噌

味噌（图1.10）是一种调味品，以营养丰富、味道独特而风靡日本。味噌最早发源于中国或泰国西部，与豆类通过霉菌繁殖而制得的豆瓣酱、黄豆酱等很相似。据说，它是由唐朝鉴真和尚传到日本的；也有一种说法，说它是通过朝鲜半岛传到日本的。

图1.10

5）日本辣根

日本辣根（图1.11）又称芥末、芥子末，是用芥菜的成熟种子碾磨成的一种辣味调味料，是日本料理的重要调味料之一。新鲜研磨出来的辣根呈现出淡绿色，具有黏性，辣味强烈，有开胃、增强食欲的作用，同时具有很好的解毒功能，能解鱼蟹之毒。荞麦面、刺身和寿司中经常使用辣根。

图1.11

6）米

日本家庭主食首先是米（图1.12），其次是面。一般来说，只要是含水量多、带有黏性的米，都可以用来制作寿司饭。从超市购买的越光米、一见钟情米、辽星一号米等都是口碑不错的专用寿司米。这些米的颗粒较白且短小，含水量大，黏性大且口感软。

图1.12

7）木鱼花

木鱼花（图1.13）由鲣鱼加工而成，要经过蒸晒过程制得。因为鲣鱼肉质特别坚硬，食用前用刨子将鱼肉刨成花，所以称为木鱼花。

图1.13

8）大叶（苏子叶）

大叶（图1.14）原产中国，后传到日本，分有青、紫两种。青色苏子叶常用作刺身、寿司装饰，也可包裹食材酥炸及做香辛料；红色苏子叶则多做红梅干及各类渍物泡菜着色之用。

图1.14

9）昆布

昆布（图1.15）其实就是海带。日本所产的昆布肉较为厚实。

图1.15

10）海苔

海苔（图1.16）是日本家庭料理中必不可少的食材。海苔富含维生素、矿物质，低脂肪、低热量。质量好的海苔，颜色呈乌黑色或乌紫色，表面有明亮的光泽，质地脆爽而润泽，闻起来香气扑鼻，入口即化，鲜香满口。

图1.16

11）红姜

红姜（图1.17）是将嫩姜切片后，去除苦涩味，放入用醋和砂糖、柠檬汁煮制得到的甘醋汁中浸泡而成的食材，用来佐食刺身、寿司等，可以使食材更爽口、去除海鲜腥味，也可起到杀菌的作用。

图1.17

12）特色水产

特色水产在日本饮食中占有重要地位。日本是岛国，四面环海，在日本近海有世界三大渔场之一的太平洋北部渔场，鱼类资源丰富。海鲜及各种水产品作为主要的料理原料，能够满足人们的需要（图1.18）。

三文鱼　　　　　　青花鱼　　　　　　带鱼

章红鱼　　　　　　秋刀鱼

图1.18

任务3　日式高汤制作

日式高汤也称为"出汁"，分为一遍出汁和二遍出汁。日本料理的出汁，是从鲣鱼干及晒干的海带中提取制作而成的。鲣鱼干是将鲣鱼用一种十分特殊的方法干燥而成的，中国没有这种制法。在日本，成品鲣鱼干由专门的公司制作提供。根据鲣鱼干的部位不同，做出的出汁味道不同，用途也不同。海藻，用海带晒干而成。在中国，对海带好像没有很细的区分，而制作日本料理出汁所用的海带必须严格区分海带的品种，并且要保证是否是两年藻、是否在夏天收割、是否当天收割晒干而成，而晒干后的加工方法又有严格的规定，绝非一件易事。鲣鱼干与海带的组合方式，关系到制出怎样的出汁，而出汁的味道又关系到料理的味道。另外，还有用沙丁鱼、飞鱼、干贝、虾、鱼骨等制成的出汁。不管怎么说，出汁虽然微淡，但它必须充分体现原材料的精华，色泽透明。

1.3.1　一遍出汁

材料：昆布40克、木鱼花60克、水（图1.19）。

图1.19

制作流程如下：

①先用干净的布将昆布表面的灰尘擦除，然后将昆布浸泡在水中至少20分钟。将昆布放入有水的锅中，开小火煮至微微沸腾（图1.20）。

图1.20

②待水微微沸腾后，将昆布夹起，加100毫升冷水使水迅速降为95 ℃（图1.21）。

图1.21

③将木鱼花放入水中，待木鱼花完全沉入锅底（图1.22）。

图1.22

④纱布过滤隔渣（图1.23）。

图1.23

⑤出汁要求：清澈见底，无杂质，色金黄（图1.24）。

图1.24

1.3.2　二遍出汁

材料：水适量、追加木鱼花40～50克。

制作流程如下：

①将第一次出汁用过的昆布和木鱼花放入锅中。

②加水之后放入追加的木鱼花，以大火加热。

③待出汁煮至沸腾，立刻捞出昆布。

④以小火继续煮2～3分钟，仔细捞出浮沫。

⑤以纱布过滤取出第二遍出汁。二遍出汁较一遍出汁色红、浑浊。

项目 **2**

刺　身

【教学目标】

知识目标：了解刺身的由来、原料及制作要领。

能力目标：学会制作刺身的刀法，掌握摆盘要求。

情感目标：培养对日本料理的艺术欣赏能力，遵守操作规范。

【内容提要】

1. 刺身来源及刺身原料。
2. 刺身制作的要领。
3. 生鱼片的多种制作方法。
4. 刺身制作。

任务1　刺身基础

刺身就是生鱼片（日语音"沙西米"），为什么会写作"刺身"？有一种解释是，当鱼被切成一片片端上来时，食用者无法辨别盘内的鱼究竟是何鱼，于是便将该鱼的鱼皮、鱼鳍或鱼尾插在上面，由此可知是何鱼，于是有了"刺身"一词。也有人说，鱼切成片状在日语里称为"切身"，而"切身"似乎不太吉利，于是改成"刺身"。刺身是将新鲜的鱼、贝等原料，依照适当的刀法加工，享用时佐以用酱油、芥末（日语音"瓦沙比"）调出来的酱料的一种生食料理。它是日本独有的烹调料理方法，也是一种以材料的新鲜度和刀法来改变口味的简单料理。

2.1.1 刺身介绍

1）刺身来源

据说，以前日本北海道渔民在供应生鱼片时，因为去皮后的鱼片不易辨清种类，所以经常会取一些鱼皮用竹签刺在鱼片上，供大家识别。这刺在鱼片上的竹签和鱼皮，当初被称作"刺身"。虽然后来不再用这种方法，但"刺身"这个叫法却被保留了下来。

追溯历史，刺身最早是在唐代从中国传入日本的。据记载，公元14世纪时，日本人吃刺身已成为时尚，那时的人用"脍"字来概括刺身和类似刺身的食品。当时的"脍"是指生的鱼丝和肉丝，也可指醋泡的鱼丝和肉丝，而那时刺身只是"脍"的一种烹调技法。直到15世纪，酱油传入日本并被广泛使用以后，刺身才逐渐演变成现在的样式。江户时代以前，生鱼片主要以鲷鱼、鲆鱼、鲽鱼、鲈鱼等为材料，且鱼肉均为白色。明治时期以后，肉呈红色的金枪鱼、鲣鱼成了生鱼片的上等材料。现在，日本人把贝类、龙虾等切成薄片，也叫"生鱼片"。去掉河豚毒、切成薄片的河豚，是生鱼片中的佼佼者。制作河豚刺身的厨师，必须取得专业资格。河豚刺身不仅鲜嫩可口，而且价格较为昂贵。

2）刺身的海鲜种类

①白身鱼：比目鱼、加级鱼、方头鱼、多鳞鱼、鲽鱼、鲈鱼、河豚等。

②赤身鱼：鲣鱼、金枪鱼等。

③青身鱼：鲂鱼、鲐巴鱼、竹荚鱼、针鱼、冰鱼等。

④淡水鱼：香鱼、鲫鱼、鲤鱼等。

⑤贝类：赤贝、青柳贝、乌贝、鲍鱼、牡蛎、荣螺、平贝、水松贝、象拔蚌、北极贝、帆立贝等。

⑥其他：墨鱼、虾、章鱼等。

2.1.2 刺身制作要领

刺身的制作有以下三大要领：

第一是材料要新鲜，这是决定刺身是否美味的关键。最佳的材料自然是捕上来后当场食用，若要从甲地运送到乙地，一般不能冷冻，而是用冰块低温保鲜，这样才能保证鱼虾的肉质鲜嫩而富有弹性。

第二是刀工，厚薄、大小、形态，都会因其视觉效果而直接影响食用者的食欲。谈到刺身，就令人联想到极具视觉效果的精细切工，因此刀法的好坏而对刺身的美味与风味（切刺身有专用的锐利刀子）影响极大。刺身的切法式样繁多，大都先注重技巧式细工。刺身原本的切片方式是为了让人看到鱼的新鲜度，并将其美味引出来，还要将材料毫不浪费地全部用完，这一点也使刺身的切法显得非常重要。刀法分为拉刀切法、削切法、薄切法、细条切法、八重切法、条纹刀行切法、细工切法、方形切法、鸡冠形切法等。

第三是装盘，这也是使食物上升到艺术品的一个重要环节，集中体现了日本人的审美意识。刺身的摆盘要领：食用方便、美观，注意整体搭配合理。摆盘讲究颜色搭配得当、高低位置适宜，一般将昂贵的刺身种类放在主客最醒目的位置，摆成对角线的形状。

刺身的摆放方式多种多样，但一般都摆成3，5，7等单数形式。有整条鱼装饰的，有装在船具模型里的，还有Z字形装饰等方法。刺身装盘的步骤如下：

1）容器选择

一般选择坚固有光泽，给人洁净、清凉感觉的容器。

2）装饰

摆盘要体现空间美，给人以清爽、干净利落的感觉，过于华丽会降低刺身本身的价值；要充分考虑整体搭配，不要过量；要体现季节感，避免味道重复；根据海鲜的特性，采用不同的切法。

3）配菜

一般使用白萝卜、黄瓜、甘蓝、胡萝卜等作为配菜。白萝卜需切成丝、过凉水后才能使用。为增加刺身的风味，可适当搭配季节性蔬菜1～2种。

刺身的佐料、配菜、辛香料等是刺身上菜时不可缺少的。配料并非单纯的装饰，它不仅能消除鱼类特有的鱼腥味，增添香气与色彩，帮助消化，而且可增加刺身的美味。刺身盘中点缀着白萝卜丝、海草、紫苏花，体现出日本人亲近自然的饮食文化。同时，吃刺身要以芥末和酱油做佐料，芥末是用生长在瀑布或山泉下一种极爱干净的植物山葵制成的。山葵像小萝卜，表皮黑色，肉质碧绿，将其磨碎捏团放酱油吃刺身，有一种特殊的冲鼻辛辣味，既杀菌又开胃。

任务2 刺身刀法

切刺身要用专用的柳叶刀，细长而锐利，刃长24厘米。这种刀又叫关东型生鱼刀，其刀尖呈四角形，刃部料薄，单面有刃，即刀的右边有刃、左边无刃。无论运用哪种刀法都要顶纹切，即刀与鱼肉的筋纹呈90°夹角。这样切出的鱼片，筋纹短，利于咀嚼，口感好。忌顺着鱼肉的筋纹切，因为筋纹太长，口感不好。生鱼片的厚度以咀嚼方便、好吃为度。这里讲的"好吃"有两层含义：一是容易入口；二是鱼片的厚薄能充分体现该鱼的最佳味道，一般鱼片厚约5毫米，如三文鱼、鲔鱼红肉、旗鱼等。需特别注意的是，鱼肉一定要剔净鱼骨。装进盘里的生鱼片，绝对不能有鱼骨，以防卡住食客的食道，发生危险。

刺身的分类方法很多，按切法的不同可分为以下几种：

1）平作（平切法）

平作是刺身的基本切法，又称为拉刀切法。它是将已去骨的鱼体放平在砧板上，较薄的一方向着内侧，左手轻轻按着，以刀锋切入，直角拉菜刀。切片时使用整个刀身（图2.1），但切下后刀将鱼片向右送，鱼片稍微倒下并重叠（图2.2）。这样可以形成角度美观的造型。

图2.1

图2.2

2）引作（直切法）

引作的动作要领和平作一样，刀与鱼体成垂直方向，以刀锋切入，向后并向下笔直切断，切下的鱼片不向右送出，继续切下一刀（图2.3）。此切法比较适合肉质较柔软的鱼类。

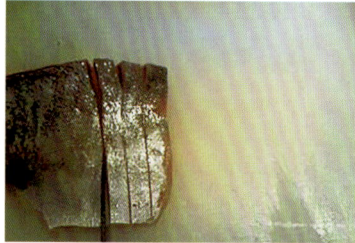

图2.3

3）角作（方切）

角作是先用拉刀切将鱼切成具有一定厚度的长方形（图2.4），再切成小方形（图2.5）。此法应注意保持切口处的锐角，重叠放置更显立体感。此切法适用于加级鱼、金枪鱼等切成厚片的鱼类。

图2.4   图2.5

4）细作（精切法）

细作是将白肉鱼、乌贼、贝类、金枪鱼等食材，以精工细雕切成花或者树叶形状的生鱼片的切法。例如，乌贼可以用菊花切法，血蛤可以用唐草花纹切法，针鱼可以用树叶切法。

5）削作（削切法）

削作是先将刀向右倾斜放倒（图2.6），从鱼身的左边开始切（图2.7），然后将刀锋稍微向右倾躺，顺刀势切下再朝身前这端切过来（图2.8）。此切法可根据刀的倾斜角度切除大片的生鱼片。

 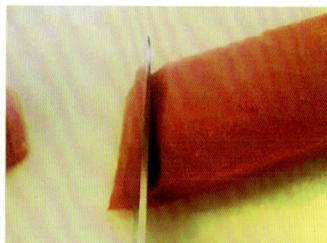 

图2.6   图2.7   图2.8

6）薄作（薄切法）

薄作是削切法的一种，使用时将菜刀斜放，把去边的生鱼片以削切法的方式切成极薄的生鱼片，切下来的生鱼片晶莹通透，上盘时可以清晰看到盘子的花纹（图2.9）。此切法比较适合白肉、肉质较硬的鱼类，如乌贼、贝类、河豚、比目鱼等。

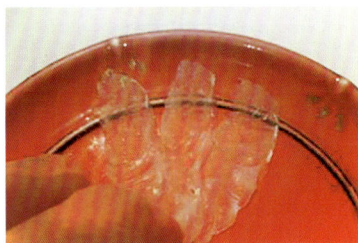

图2.9

7）八重作（八重切）

八重作也叫"一拖一"或者"两枚"。此切法是将第一刀先切下半刀不全部切断（图2.10），另起一刀将鱼片切断（图2.11）。此切法适用于肉质松软，切成厚片口感较佳的鱼类。

图2.10　　　　　　　　　　　　　图2.11

8）皮霜作（皮霜切法）

鲷鱼等鱼类的鱼皮虽然鲜美，但是却很硬。此时可将鱼肉的鱼皮朝上放好，上面盖一层白布（图2.12），慢慢淋上80 ℃左右的热水，待鱼皮缩起来后迅速放入冰水冷却（图2.13）。取出后吸干水分，在鱼皮上画刀口，上碟时刀口将呈现漂亮的花纹（图2.14）。另外，也有烧烤鱼皮的"烧霜切法"。

  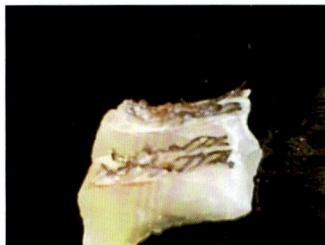

图2.12　　　　　　　　　　图2.13　　　　　　　　　　图2.14

9）鸡冠型切法

此切法主要用于切贝壳等。在贝壳肉较厚的部分切刻出很深的刀痕，再从无刀痕的一侧用刀沿厚度处切成两半，切刻刀痕的边角会竖起，看起来就像鸡冠花。

10）格子切法

格子切法用于切贝壳、鱿鱼，切出很深的斜格刀痕。但此法并非切成斜刀痕，其刀痕的间隔应为格子刀痕。

任务3 刺身制作

2.3.1 刺身制作方法

1）漂洗

鱼去除内脏洗净后切生鱼片，用冰水过凉，沥干水分后使用。此法适合于制作鲈鱼、加级鱼、鲫鱼等刺身，主要在夏季食用。

2）松皮

加级鱼去除内脏洗净后切成5片，将鱼皮朝上浇上沸水，迅速放入冰水中冷却后使用。此法主要用于制作加级鱼刺身，烫鱼时如果烫的程度不够，肉质会变韧，所以要适当。

3）制后冰镇

此法适合用于皮质韧、腥味浓的鱼。此法先用竹签将鱼穿成扇子形，用高火烤表面后，用冰水过凉，沥干水分后食用。

4）醋渍

将腥味浓的青身鱼切成三块去骨，点少许盐，腌渍1小时，洗净，再用醋腌渍后食用。

5）盐渍

将比目鱼切成薄片，点少许盐腌渍后，用去除盐分的海带包裹或铺在下面，使海带的味道浸透鱼肉后食用。

6）蛋黄渍

将白身鱼或墨鱼等切成片，卷成玫瑰花形后点蛋黄粉装饰上桌。

2.3.2 刺身的吃法

吃刺身应先食用油脂较少者和白肉鱼片。油脂较丰富或味道较重者，如鲑鱼、海胆、鱼卵等，宜留到最后吃，这样才不会吃到后来味觉都被打乱。在食用每种生鱼片之间，可用萝卜丝或姜片清味蕾。当一盘刺身摆在面前，首先映入眼帘的是具有美感的造型，欣赏完，即可动筷品尝。先把一只空盘和一只装有酱油的小碟放在面前，用筷子夹一片刺身放在空盘中，再夹取适量芥末放在鱼片上，然后将鱼片折叠，盖上芥末，沾上酱油，即可放入口中。刚开始咀嚼时，能品尝出3种味道，即鱼的本味、酱油味、芥末独特的香味及富有刺激性的辣呛味。随着不断地咀嚼，鱼片越嚼越烂，直至黏糊状，满口生津，刺身变成了复合味。芥末气味冲鼻，像吃沙瓤西瓜一样，有"沙"的感觉，既辣又香。鱼肉鲜香、微甜。香、甜、沙、咸、辣混为一体，这种感觉非语言所能描述，只有品尝过刺身的人，才能有同样的体会。

2.3.3 刺身制作

1）赤贝刺身

主料：大连活赤贝适量。

配料：大叶、白萝卜丝、蕃茜适量。

调料：日本芥末、刺身酱油适量（图2.15）。

图2.15

制作流程如下：

①将赤贝清洗干净，将赤贝肉取出（图2.16）。

图2.16

②沿赤贝肉中间切开（图2.17）。

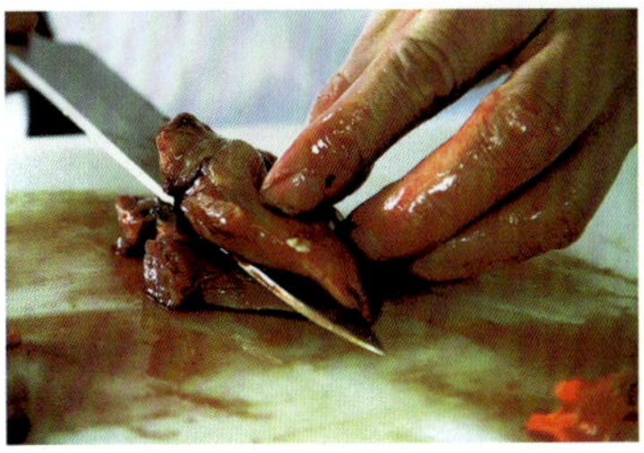

图2.17

③去除周围的内脏（图2.18）。

图2.18

④用盐清洗已经去除内脏的赤贝肉（图2.19）。

图2.19

⑤将赤贝肉改刀成菊花瓣形状（图2.20）。

图2.20

⑥用大叶、白萝卜丝、赤贝壳、蕃茜装饰，装盘。食用时配以刺身酱油、芥末即可（图2.21）。

图2.21

2）酢青鱼刺身

主料：酢青鱼适量。

配料：白萝卜丝、大叶、红萝卜花适量。

调料：日本芥末、刺身酱油适量（图2.22）。

图2.22

制作流程如下：

①去除酢青鱼表皮（图2.23）。

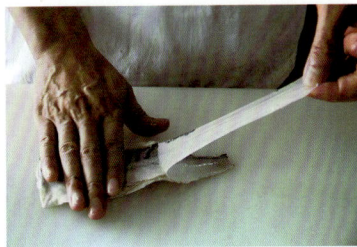

图2.23

②将酢青鱼修改成合适大小（图2.24）。

图2.24

③把酢青鱼采用八重作切成厚片（图2.25）。

图2.25

④用白萝卜丝、大叶、红萝卜花装饰，装盘。食用时，配以刺身酱油和芥末即可（图2.26）。

图2.26

3）金枪鱼刺身

主料：金枪鱼适量。

配料：白萝卜丝、大叶、蕃茜适量。

调料：日本芥末、刺身酱油适量（图2.27）。

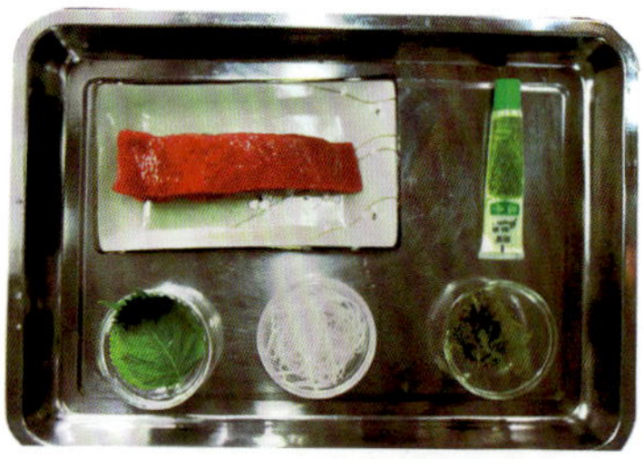

图2.27

制作流程如下：

①用拉刀法将金枪鱼切成具有厚度的长方形（图2.28）。

图2.28

②将金枪鱼切成小方形（图2.29）。

图2.29

③注意保持切口处的锐角，重叠放置更显立体感（图2.30）。

图2.30

④用平切法将金枪鱼肉切成5毫米厚的片（图2.31）。

图2.31

⑤将白萝卜丝做成尖塔形，用大叶、蕃茜装饰。食用时，配以刺身酱油、芥末即可（图2.32）。

图2.32

4）比目鱼（左口鱼）刺身

主料：比目鱼适量。

配料：白萝卜蓉、柠檬片、葱花适量。

调料：日本芥末、刺身酱油适量（图2.33）。

图2.33

制作流程如下：

①将比目鱼去皮，用食用纸巾吸干水分（图2.34）。

图2.34

②用刀将比目鱼鱼肉取出（图2.35）。

图2.35

③切好的鱼肉（图2.36）。

图2.36

④把去边的比目鱼以削切法的方式切成极薄的生鱼片（图2.37）。

图2.37

⑤将比目鱼刺身围在圆形盘中，把白萝卜茸与少些红辣椒调和成微红的萝卜茸，再用柠檬片、葱花装饰，食用时配以刺身酱油、日本芥末即可（图2.38）。

图2.38

5）刺身拼盘

主料：三文鱼、赤贝、酢青鱼、金枪鱼、比目鱼适量。

配料：白萝卜丝、大叶、红蟹子适量。

调料：日本芥末、刺身酱油适量（图2.39）。

图2.39

制作流程如下：

①采用平作法切三文鱼。

②采用八重作切酢青鱼。

③采用拉切法切金枪鱼。

④采用精切法切赤贝。

⑤采用削切法切比目鱼。

⑥将刺身摆入底部较深并盛有大量冰块的器皿中，按照一定的艺术构思装盘，要求做到造型精致美观，色彩搭配和谐（图2.40）。

图2.40

煮　物

【教学目标】

知识目标：了解煮物的种类。

能力目标：学会制作日本料理中传统并具有代表性的煮物。

情感目标：培养对日本料理的热爱，遵守操作规范。

【内容提要】

1. 煮物的分类与特点。

2. 煮物的制作。

任务1　煮物基础

日本料理中的煮物就是用炖煮或红烧方式烹调的菜肴。常见煮物料理有甘煮鸡肉、煮蔬菜、煮鲷鱼头、红烧鱼、煮小墨鱼、鲭花鱼味噌煮。

煮物是日本人家庭中最为普通的家常菜，菜式一般以筑前煮、味噌煮鲭鱼、土豆煮牛肉、豚角煮和关东煮等最为常见，口味香甜浓郁。土豆煮牛肉是日本最受欢迎的菜式，由于其令人怀念母亲口味，因此特别受到男性喜爱。而关东煮具民间风味，广受欢迎。煮物根据不同的分类标准，主要分为以下种类：

1）按颜色、形状、风味划分的煮物种类

①按菜肴的颜色来划分，主要有以下几类：

A. 白煮。主要是以盐、鲣鱼花汤烹调的菜肴，如芋头白煮等。白煮一般比红煮的汤多，且要注意保持主料的本色。

B. 红煮。即日式红烧，类似于中国的红烧菜。它主要用酱油、砂糖及调味酒制作，菜肴的颜色呈朱红色，基本调味料是昆布盐液或鲣鱼酱油加适量的糖。红煮与中国红烧菜的最大区别，就在于红煮完全不用油。

C. 青煮。一般用极少的酱油、砂糖及盐制作，旺火快煮，尽可能使蔬菜保持原来青绿鲜嫩的原色，口味也比较清淡。

D. 照煮。"照"是发光的意思，这是用味淋、酱油、砂糖调成的调味汁进行熬煮的菜肴，其特色是将菜肴煮到出现光泽，有一定的甜味。

E. 甘露煮。这是将公鱼、鲇鱼、圆身鱼、岩鱼、小鲹鱼等小鱼用砂糖、酱油、味淋腌渍而成，颜色发亮、甘甜可口，可长期保存。一般将鱼先烤再煮，但要注意不要烤焦，常用于便当料理。

②按煮物的形状划分，可分为"方块煮"，将食物切成一口大小的方块烹煮；"丸煮"，将食物削切成圆球状煮；"姿煮"，将食物保持完整的形状烹煮。

③按煮物的风味划分，有清淡的"盐煮""醋煮"，有以味噌或酱油为主要煮汁的"味噌煮"和"酱油油煮"，还有浓郁的"咖喱煮"和著名的关东煮。

2）按原材料、配料划分的煮物种类

笔者在查阅日本料理文献资料并翻译以后，根据原材料、配料不同，认为煮物主要有以下十几种：

①芝煮。以第一高汤和酒为主，加上极少量的盐和淡口酱油，是味道最淡的炖煮料理。盐的浓度为高汤的0.05%。与鲜味较好的白鱼或者虾贝类食材及香味蔬菜等组合，用清淡的汤汁短时间加热，能充分引出其材料的原汁原味。其中以"芝煮鳕鱼和小虾"为芝煮中的代表，食之让人齿颊留香，能品味到鳕鱼和小虾的新鲜味道以及蔬菜的风味。

②泽煮。用猪背肥肉或三枚肉混合切丝的牛蒡、芹菜、独活等菜味浓郁的蔬菜滚煮而成。它有比芝煮稍微浓一点的口味，盐分的浓度约为高汤的0.06%。和芝煮一样，旺火快煮，虽似简单但是火候的掌握相当困难。做汁汤时，可以撒些胡椒，口感更佳。

③含煮（炖煮）。用清淡的汤汁对食材进行长时间炖煮而成，盐的浓度为高汤的0.01%，比清汤稍微浓一些。根据素材的不同，使用第二高汤或木鱼花汁，加调味料（盐、酱油、砂糖、味淋、酒）等与食材配合使用，引发出食材的原味。炖煮完毕后，需把食材浸入汤汁冷却。其中，"炖煮高野豆腐"为典型的含煮料理。高汤烩制的高野豆腐中，承载着高汤满满的鲜味。春天可添加竹笋，秋天可添加蘑菇，富有季节感，让人品味和体会高汤味道的精髓。

比较典型的含煮料理：炖煮春笋（炖煮代表春天味觉的竹笋，口感柔软清香，使用新鲜的竹笋，配以清新的汤汁，边喝边吃，更能让人充分品味和体会其独特的香味）、炖煮小芋头（能充分品尝黏性较强的小芋头的滋味的炖煮料理。为了保持其原汁原味，煮汁需要清淡怡人，只是稍微加点盐和淡口酱油，装点也仅仅使用切丝柚子，而芋头本身的去皮熬制入味也十分重要）、炖煮鱼籽（像花儿绽放的鱼籽炖煮料理，实惠且简单，使用当季的鲷鱼、鳕鱼、虎虎鱼等的鱼籽，通过淡淡的高汤和烧酒提鲜，配以薄切生姜去腥炖煮，其味无穷）等。

④萝卜糊煮物。在清爽味淡的煮汁里加入萝卜糊煮制而成的炖煮料理。其中，"炖煮鲭鱼萝卜蓉"为萝卜糊煮物的代表。在清新爽滑的口感中，引出鲭鱼的醇醇浓味。此外，萝卜糊里除了鲭鱼，也可使用肉质娇软的鲹鱼、三文鱼等。

⑤猪肉角煮（炖煮）。炖煮猪肉作为浓味菜肴，常作为下酒佳品。制作时善用烧酒，把肉炖煮到入口即化般的松软，颜色白嫩，让人垂涎三尺。

⑥浸煮。浸煮的盐分浓度和炖煮几乎一样，通过淡味煮汁的长时间炖煮，不甜并很清爽。常用于浸煮整条天鱼、鲇鱼、圆身鱼等小鱼，也可短时间浸煮春菊（茼蒿）、菠菜、菊花等叶菜。其中"浸煮天鱼"为浸煮小鱼中的代表：把天鱼素烧后，用水、酒、梅干、生姜等文火炖煮5小时，途中加入酱油调味。炖至鱼骨松软，冷却后加汁上碟。

典型的浸煮代表主要有两种。一是"浸煮菊花"：食用的菊花具有鲜艳的色彩和清爽的口感，其香气通过淡味浸煮产生。重要的是控制时间，煮太久会没有口感。可挑选苦涩味较浅，香气浓郁，叶子较厚的菊花制作。二是"浸煮茼蒿"：以柔软的茼蒿叶为主料的浸煮料理。鲜艳的绿色搭配茼蒿独特的味道，是一道色香味俱全的简单料理。

⑦筑前煮。将鸡肉和根菜类加油炒后再煮，是以前人气极高的一道荤菜料理。加上虾肉和青菜装点会略显高档，但是用大碗盛装，又能体现朴素的感觉。

⑧竹笋土佐煮。炖煮入味的竹笋加上薄刨木鱼花，是最能体现鲣鱼和酱油香味的炖煮料理。使用的盐不多，2升高汤大约加10克盐，再精煮而成。

⑨鸭肉冶部煮。金泽地区乡土料理的代表。用薯粉搅浑鸭肉丝，用浓味煮汁快煮，糊状薯汁口感香醇，老少咸宜。可加入芥末点缀。

⑩炖煮鱼骨头。这是使用鲷鱼的头部和鱼鳃部，还有狮鱼的鱼鳃、硬骨鱼的鱼骨等原料，加酱油、砂糖、酒等调味料煮制而成的一道炖煮料理，也可加入牛蒡、竹笋等一起煮制。其中"鲷鱼的鱼头煮"为鱼头炖煮料理的代表。富含脂肪的鲷鱼头经过炖煮后，浓香四溢。煮制时，注意焯掉鱼腥味。

⑪紫其炒煮。用芝麻油炒紫其后，加上酒、酱油猛火煮制而成的一道料理。通过芝麻油引出材料原味，冷却后上碟，适合下酒。

⑫原只龙虾煮。这是砂糖与酱油相得益彰的即席料理，其重点是快煮。常用于庆祝场合，如新年用的步步高饭盒。另外，也可以用于下酒和下饭。通过精致的上碟，更显龙虾的豪华感。

⑬狮鱼萝卜炖煮。这是寒冬腊月中味道最醇厚，最合时节的炖煮料理。加上另外熬制的萝卜，更能引起人的食欲，而生姜的使用则能中和腥味。

⑭旨煮，也称"甘煮"。使用砂糖和酱油，为食材覆盖上浓厚的焦糖色，入口香甜细腻，可长期保存，用于制作便当或节日佳肴。

⑮樱煮。因酱汁制作的食物颜色发红，故名樱煮。其代表料理为"樱煮鱿鱼"，是将酱油、砂糖、混合烧酒慢火炖煮而成。注意火候的把握，鱿鱼过硬或过软都会影响口感。

⑯味噌煮。炖煮过程中加入味噌，给食物添加味噌的滋味和颜色，令人食欲大增。其代表料理有"鲭鱼味噌煮"，通过味噌降低鲭鱼的油腻感，吃起来别有滋味，而且比其他煮法突出甜味，适合下饭。放入味噌后应注意火候，以免失去味噌的风味。

⑰乌贼原只煮。将乌贼的内脏填满筒身，用文火煮至松软后入味。因为有内脏，可以趁热品尝乌贼内脏独特的味道。冷却时，也可品尝其浓厚的味道。

⑱甘露煮。将公鱼、鲇鱼、圆身鱼、岩鱼、小鲹鱼等小鱼原料，用砂糖、酱油、味淋煮制而成，颜色发亮、甘甜可口，可长期保存。一般把鱼先烤再煮，但要注意不要烤焦，常用于便当料理。

⑲时雨煮，也称大和煮。将牛肉、猪肉等肉类用等比例的砂糖、酱油腌煮而成，保存性很好。但是，材料本身味道会淡化，可用于送饭、下酒。

任务2　煮物制作

1）昆布佃煮

主料：昆布100克。

调料：浓口酱油150毫升，酒25毫升，味淋25毫升，醋25毫升，水500毫升，白糖100克，红辣椒少许。

制作流程：将水和调料一起煮沸后，放入昆布一起煮，煮20～30分钟，捞起装盘（图3.1）。

图3.1

2）土豆煮牛肉

主料：土豆3个，胡萝卜1根，洋葱1个，牛肉150克，豌豆少许。

调料：日式高汤500毫升，清酒30毫升，白糖20克，浓口酱油30毫升，味淋30毫升，大豆油10毫升。

制作流程如下：

①将豌豆用水焯一下，焯后置于冷水中，使之变色。

②将土豆切成1/4大小的块，置于水中。

③将胡萝卜斜切成菱形块，将洋葱切条。

④将牛肉切成0.5毫米的薄片。

⑤在锅中倒入油，翻炒牛肉。

⑥加入土豆、洋葱、胡萝卜，轻轻翻炒。

⑦将调料倒入锅中，沸腾后去除汤中白沫，用小火煮20分钟。

⑧完成前加入豌豆，稍加热后装盘（图3.2）。

图3.2

3）筑前煮

主料：鸡腿肉、干香菇、红萝卜、腌制过的竹笋、牛蒡、四季豆适量。

调料：出汁400毫升，味淋20毫升，砂糖20克，浓口酱油20毫升，沙拉油适量。

制作流程如下：

①用水浸泡干冬菇至软，去除水分，切根茎部，将香菇一切为四。

②刷洗干净牛蒡，滚刀切成易食用大小，用醋水浸泡，去除涩味，烹制前去除水分。

③红萝卜削皮，按滚刀法切成与牛蒡一样的大小。

④竹笋用水煮，按滚刀法切成与牛蒡、红萝卜一样的大小。

⑤四季豆去除老梗，用盐水煮沸腾1~2分钟后，对半切开用于装饰。

⑥鸡腿肉去骨，去除多余的脂肪及筋后，切成3厘米×3厘米的块状。

⑦热锅后倒入沙拉油，让沙拉油均匀分布。鸡皮朝下以中火煎，不要翻动鸡肉，先让鸡皮熟透，等油脂溢出，用餐巾纸去除带有腥味的鸡油。

⑧待鸡皮稍微变色、没有油脂溢出时即可翻动。将红萝卜、牛蒡放进锅里轻轻拌炒。

⑨竹笋、香菇放进锅里，将全部食材炒软，如果黏稠粘锅，可稍微加点出汁。

⑩将全部出汁、味淋、砂糖放进锅里煮20分钟，汤汁收到能看见材料，去除表面浮沫。

⑪煮到竹笋用筷子可以轻松穿透时，均匀淋上浓口酱油。

⑫待味道均匀分布、完全收汁后，与四季豆一同装盘即可（图3.3）。

图3.3

项目 **4**

烧　物

【教学目标】

知识目标：了解烧物的特点。

能力目标：掌握烧物的种类与传统烧物的制作。

情感目标：培养对日本料理制作技能的热爱，遵守烧物的制作规范。

【内容提要】

1.烧物的特点。

2.烧物的分类。

3.烧物的制作与操作要领。

任务1　烧物基础

　　日本料理中的"烧物"，也就是我们平时所说的烧烤。烧烤是非常原始的烹调方式，人们至今对其仍情有独钟，而且衍生出许多以各式酱料、器具烧烤的方法。严格来说，烧烤并不是日本的传统料理，然而如今却在日本料理中大行其道，甚至有时候算得上是主菜。日本烧烤与韩国烧烤的区别：韩国人习惯先将肉用酱油等腌制好再烤；而日本人则是将肉烧烤后再蘸调味料，调味料与韩国的调味料完全不同。

　　虽然日本的烧烤料理品种繁多，但仍以各种海鲜为主。烧烤的方式也是五花八门，口味丰富多彩。

4.1.1 烧物的分类

烧烤方式一般分为直火烧和间火烧两大类。

1) 直火烧

直火烧是指将食物原料直接烧，主要分为以下10种：

①速烧。直接在火上烧烤，这样烤出的食物能保留原味。

②盐烧。这是用盐涂抹食物再烧烤的烹饪方式，多用于海鲜烧烤。盐烧是烧烤中最简单的烹饪方法，由于调味料只有盐，因此把握盐的分量至关重要。其中代表料理为"盐烧鲷鱼"，是一道宴席中不可或缺的喜庆料理。它采用新鲜的鲷鱼，配与波浪串烧，控制好火候，保持鱼身完整，使其成游动姿态，预示鱼跃龙门之意。

③味噌烧。这是一面烧烤一面在食物上涂抹味噌，或用味噌腌渍后再烤的烹饪方法。比较出名的味噌烧有西京味曾烧鲣鱼，味道醇厚浓郁，被视为上品。还有涂抹田乐味噌的茄子田乐烧，其"田乐"一词来自田乐法师所制作的味噌。

④照烧。这种方法是一面烧烤，一面将味淋、酱油制成调味汁刷在食物上，烤好的食物会发红发亮。这种烧烤方式多用于肉质比较厚的鱼或肉。在鱼介类、肉类等食材上加砂糖、味淋、酱油等调制成的酱汁，边烤边涂，会在肉质表面形成红亮的光泽。其中"狮鱼照烧"为鱼类照烧中的经典料理。它用狮鱼鱼骨熬制照烧汁，提升烧汁鲜味，味道浓郁，适用于腥味较重的鱼类。

⑤蒲烧。用竹片横穿食物，一面烧烤，一面将味淋、酱油制成的调味汁刷在食物上。此法称为蒲烧。

⑥云丹烧。这是将鲍鱼等海产品，一边烤一边将用蛋黄和海胆酱拌匀的酱涂抹在食物上。这样的烧烤方式，也称为"蛋黄烧"或"海胆烧"。这是一种风味独特的烧烤料理，主要用于烧烤鱿鱼和白身鱼。其料理的重点是需要等海产品表面干了之后，再反复涂抹酱。

⑦柚庵烧。所谓柚庵汁，是在味淋、酒、酱油里加入切片的柚子制成的酱汁。一般把鱼肉等浸在柚庵汁里让其吸收柚子的风味，吃起来清爽可口。在没有放柚子的情况下也可写作幽庵烧、祐庵烧。

⑧黄身烧。这是一种在烤制好的鱿鱼、白身鱼的身上涂上加了酒、味淋调味的蛋黄酱后，再烘干，形成的颜色鲜黄的烧烤料理。除了黄色以外，还有透明色和青色，上碟后色彩斑斓，引人注目。

⑨叠加烧。在食材上叠加别的食材进行烧烤，可以组合成不同的颜色、香气、味道的料理；同时，也可以增加料理的分量。比较出名的有鸡肉奶酪叠加烧：在烤制好的鸡肉上加上奶酪，让人在感受到鸡肉的清香之余，也可品味到奶酪的浓郁香味，两者配合，相得益彰。

⑩难波烧。难波以盛产青葱而著名，在烤制好的食材上加上青葱，称为"难波烧"。制作时将青葱切细后混合蛋黄酱，铺在烤好的食材上再次烧烤。青葱不能直接烧烤，以半生熟状态为佳，口感极佳。

⑪串烧。将食物串在竹条上烧烤。

⑫姿烧。将整条鱼或虾穿在竹条上，保持其原形烧烤。

⑬网烧。在小炭火炉上放金属薄网来烧烤食物。

2）间火烧

间火烧是食物与火间隔开来的烧烤方式，主要分为以下7种：

①包烧。用锡箔或者其他材料包住食材焖烤。因为密封起来加热，故可以完全保留食材的原汁原味。可根据季节的不同，选用不同的食材，用铝箔包裹烧烤，称为季节铝箔烧。上碟后打开铝箔的瞬间，芳香扑鼻，让人开心、开胃。

②铁板烧。在烧热的厚铁板上烹调。

③铁锅烧。在平口铁锅上烧烤肉食。

④岩烧。在石头上烧烤食物。

⑤壳烧。将带壳的海鲜直接放在火上烧烤。

⑥壶烧。将原料放在壶中，浇上调料烧烤。

⑦寿喜烧。日本人称"司盖阿盖"，在日本是一道相对较新的菜肴。它是用较浅的铁盘，在盘里装上牛肉与蔬菜制作而成的。调料主要有足量的酱油、味淋，有时还有日本米酒。食用时，每个人都有一小碗生鸡蛋，烧过的东西要蘸过鸡蛋之后再吃。这样吃到嘴里的是多汁而香甜的牛肉和蔬菜，涂抹在外层的生鸡蛋使食物的口感非常柔滑。

4.1.2 烤的注意事项

烤的注意事项如下：

1）调节火候

无论哪种类型的烤，都要注意调节火候：如果距离火源太近容易烤焦，故要保持一定的距离；蛤蜊或虾要在高火中速烤；淡水鱼除香鱼外，都要慢烤，烤至鱼骨熟透。

2）烤制方法

食材放入盘中时，露在外面的部分要烤六成左右，反面要烤四成左右。穿铁扦子烤制时，为防止鱼肉破碎，要旋转着烤。

3）装盘方法

烤整条鱼时，鱼的头部朝左侧，鱼的腹部要向着客人。只烤鱼肉时，鱼皮朝上，配菜摆在前面。

4）配菜

配菜要考虑是否与主料相配，可配醋渍味的莲藕、橘子、栗子、柠檬、生姜根等。

任务2 烧物制作

1）盐烤秋刀鱼

主料：秋刀鱼1条。

配料：柠檬1个，蕃茜少许，竹叶1张。

调料：盐少许（图4.1）。

图4.1

制作流程如下：

①鱼头向右，在鱼眼正下方插入扦子（图4.2）。

图4.2

②用手调整扦子位置，以防扦子从后面穿出，插向鱼背（图4.3）。

图4.3

③将第二条扦子斜插成倒锥形（图4.4）。

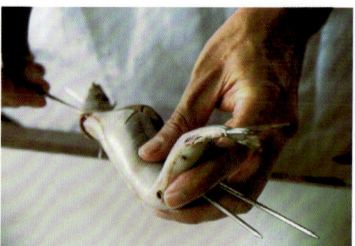

图4.4

④用刀在鱼肉上划"×"和"\\"形花纹，使鱼肉易熟且美观（图4.5）。

图4.5

⑤在鱼肉上撒少许盐（图4.6）。

图4.6

⑥放到晒炉上高火烤至成熟（图4.7）

图4.7

⑦竹叶改成合适大小，用蕃茜、柠檬片装饰，装盘。注意，鱼头向左，鱼腹部向着客人（图4.8）。

图4.8

2）田乐茄子

主料：茄子1条。

配料：白芝麻少许。

调料：田乐味噌酱适量（图4.9）。

图4.9

制作流程如下：

①将茄子对半切开（图4.10）。

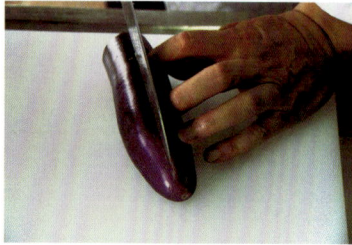

图4.10

②在茄子肉表面等距离斜切数刀，成格子形状，以便入味（图4.11）。

图4.11

③将茄子放入170～180 ℃的油温中炸至半熟（图4.12）。

图4.12

④捞起茄子，沥干油，放烤架上（图4.13）。

图4.13

⑤在茄子表面涂抹上田乐味噌酱，用中火烤制成熟（图4.14）。

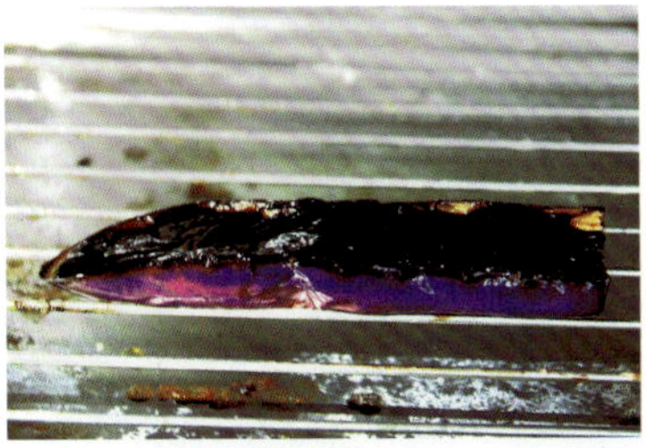

图4.14

⑥茄子烤好后，在表面撒上少许熟白芝麻，用蕃茜、竹叶装饰，装盘（图4.15）。

图4.15

3）串烧鸡肉块

主料：鸡腿肉50克。

配料：蕃茜、竹叶适量。

调料：浓口酱油20毫升，白糖20克，清酒20毫升，味淋20毫升。

制作流程如下：

①将鸡腿肉切成4块，用竹签将鸡腿肉串起来（图4.16）。

图4.16

②串成鸡肉串（图4.17）。

图4.17

③将串好的鸡肉串放置在底火烤炉上烤制（图4.18）。

图4.18

④一边烤鸡肉串一边刷上调料，刷4～5次（图4.19）。

图4.19

⑤烤好的鸡肉串色泽金黄，有光泽，用蕃茜、竹叶装饰，装盘（图4.20）。

图4.20

4）九节虾云丹烧

主料：九节虾2只。

配料：蕃茜适量。

调料：味淋10毫升，蛋黄1个，海胆酱少许。

制作流程如下：

①将九节虾洗净，擦干。

②从九节虾背部切开，去除肠线，尽量不破坏虾壳，打开虾肉。

③将调料调和均匀后涂在虾肉上，置于晒炉烤至成熟，用蕃茜装饰，装盘（图4.21）。

图4.21

5）鳕鱼味噌烧

主料：银鳕鱼100克。

配料：蕃茜、竹叶适量。

调料：味噌酱70克，味淋、清酒少许。

制作流程如下：

①将银鳕鱼洗净，吸干，切成大小合适的鱼块。

②将银鳕鱼块放入调料中腌制至少两小时，通常放冰箱冷藏腌制1~2天。

③把腌制好的银鳕鱼块洗净擦干水分，放置晒炉中，用中火烤6分钟，翻面再烤4分钟，只要中间熟透即可。用蕃茜、竹叶装饰，装盘（图4.22）。

图4.22

6）鲭花鱼柚庵烧

主料：鲭花鱼1条。

配料：竹叶、柠檬适量。

调料：幽庵汁、浓口酱油1~2匙。

制作流程如下：

①三枚切制作青花鱼。

②调好幽庵汁。

③将柠檬圆形切片放入幽庵汁中，再放入青花鱼腌泡约20分钟。

④取出青花鱼，鱼皮表面浅划两刀，再将其串于铁钎上，烤至两面金黄。

⑤将幽庵汁移至锅中，开火加热，同时加入浓口酱油，略煮收干成酱汁。

⑥在青花鱼上数度淋上已煮过的酱汁，并继续烤至两面焦黄亮泽。用竹叶装饰，装盘（图4.23）。

图4.23

扬　物

【教学目标】

知识目标：了解扬物的种类。

能力目标：学会制作日本料理中传统并具有代表性的扬物。

情感目标：培养对日本料理的热爱，遵守操作规范。

【内容提要】

1. 扬物的分类与特点。
2. 扬物的制作。

任务1　扬物基础

5.1.1　扬物介绍

日本料理中的扬物又称炸物，即油炸类的菜肴，其中最为有名的是天麸罗。

天麸罗是最具特色的日本料理之一。传说日本人从葡萄牙人那里得到了天麸罗的灵感，然后将它们发展成日本特有的深受人们喜爱的食物。据说幕府将军德川家康非常喜欢这种新的烹制方法，经常过量狂吃这种食物，且因此致死。

常见扬物：什锦天麸罗、蔬菜天麸罗、炸猪排、酥炸比目鱼、酥炸鸡块、炸豆腐、炸虾天麸罗、炸茄子。

5.1.2 扬的种类

1）素炸

所谓素炸，就是把食材脱水后直接用油炸，可以充分保留食材的色香味。适合素炸的食材有银杏、粟、繁殖芽体、茄子、青紫苏、虾、蟹、青芦笋、龙须菜等。制作时将食材整体放入，用150 ℃的油炸。如果味道较淡，可以适当加盐。

2）干炸

干炸是使用小麦粉、薯粉或荞麦粉等混合油炸，既能保留食材鲜味，也能香脆可口。肉类和青色鱼类需提前入味后，混合薯粉油炸。白色鱼类无须提前入味，直接沾上面衣油炸。一般来说，鱼类要通过二次油炸，火候充足，酥脆入骨，可以与盐、柠檬、醋酱油、芥末汁相搭配。

3）龙田炸

龙田炸是将虾开边敲打研薄后油炸。油炸的时候，白色的面衣下红色的虾肉若隐若现。因其形状与流淌在龙田川的枫叶相似，以此得名。此外，用酱油和味淋来调味，加上薯粉的油炸食品也称为龙田炸。

4）面衣炸

面衣炸是指以小麦粉为主料制作面衣，覆盖在鱼、蔬菜上再油炸的食品。主要有天麸罗、什锦炸、精进炸等。食材用鱼介类、蔬菜、肉等皆可。制作天麸罗，口感松脆的面衣与食材的配合至关重要。可生吃的鲜虾等活生食材，通过180 ℃左右的高温油炸，给人仅仅是油炸面衣的感觉。如果想突出食材颜色，可只在食材一面涂上面衣，再以150 ℃左右低温油炸。

5）变形炸

这是将蚕豆、芋头、扇贝等沾上开心果、芝麻、糯米粉等，用175 ℃的油炸，成品造型新颖，口味独特。

任务2 扬物制作

1）素炸蔬菜

主料：茄子、红萝卜、豆角、鲜冬菇、红薯、红辣椒适量。

配料：大叶、海苔适量。

调料：盐、色拉油适量（图5.1）。

图5.1

制作流程如下：

①红萝卜切片去皮（图5.2）。

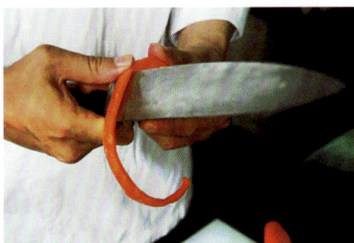

图5.2

②茄子切成扇形（图5.3）。

图5.3

③红薯切片去皮（图5.4）。

图5.4

④红辣椒对半切开，去除里面的籽（图5.5）。

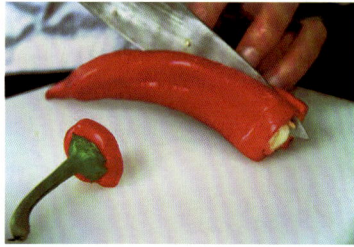

图5.5

⑤豆角斜切成5厘米段后，用海苔条将3～4根豆角段扎好（图5.6）。

图5.6

⑥鲜冬菇去梗后，表面切成花形（图5.7）。

图5.7

⑦待锅中色拉油温度升至170 ℃左右时，将较难熟的原料先放入炸锅，再将所有原料放入炸锅炸熟（图5.8）。

图5.8

⑧炸熟的食物沥干净油，铺上吸油纸，装盘（图5.9）。

图5.9

2）炸豆腐

主料：豆腐1块。

配料：葱花少许，萝卜蓉、红辣椒适量。

调料：冷乌冬面汁100毫升，淀粉、色拉油适量（图5.10）。

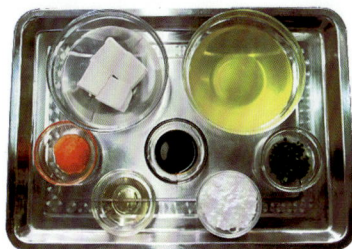

图5.10

制作流程如下：

①将豆腐沾上适量淀粉（图5.11）。

图5.11

②待油温升到170 ℃左右时，将豆腐放入油锅中（图5.12）。

图5.12

③待豆腐炸熟，沥干净油（图5.13）。

图5.13

④将乌冬面汁淋在豆腐上，用磨好的萝卜茸和葱花装饰（图5.14）。

图5.14

3）天麸罗

材料：南瓜100克，茄子100克，虾3只，红薯100克，金针菇50克，青红辣椒50克，油炸用油适量。

天麸罗面衣材料：蛋黄1个，低筋面粉100克，冰水150毫升。

天麸罗酱汁材料：浓口酱油约30毫升，味淋30毫升，高汤120毫升。

佐料：（依个人喜好搭配）昆布、盐、白萝卜蓉、生姜适量（图5.15和图5.16）。

图5.15

图5.16

制作步骤如下：

①茄子切成扇形，不仅美观，而且便于上浆、快速成熟（图5.17）。

图5.17

②南瓜去皮，切成弯月形薄片，既美观又快熟（图5.18）

图5.18

③青红辣椒对半切开，去除里面的籽，使辣椒不那么辣（图5.19）。

图5.19

④将茄子和南瓜切好（图5.20）。

图5.20

⑤剥除虾壳和头部，在虾腹部切3～5刀，让虾身变直。特别提醒：让虾的背部贴在砧板上，用两根手指压住，会比较好切（图5.21）。

图5.21

⑥在冰镇的碗里放进蛋黄与冷水，最好用两根较粗的棒子或打蛋器拌匀。冰水能防止低筋粉起筋，炸出的天麸罗才会酥脆（图5.22）。

图5.22

⑦蛋液中加入低筋面粉，大致拌匀就可以了。面衣最好有一些泡泡，有少量面粉没有拌匀也没关系（图5.23）。

图5.23

⑧让材料沾满低筋面粉，注意轻轻地拍上薄薄的一层面粉即可（图5.24）。

图5.24

⑨蔬菜先裹上面衣，比较薄的食材，油炸时间不能太长，面衣要裹得少一些（图5.25）。

图5.25

⑩先将南瓜、茄子、金针菇等蔬菜分别放入油温170 ℃的油锅中炸，等出现的泡泡变小，即可取出。再将虾放入油锅中，炸的时间稍长一些，待虾身变硬、泡泡变小时取出。要注意放入虾的手法，以便让虾保持直的形态（图5.26）。

图5.26

⑪按照摆盘要求摆盘，造型为山形（图5.27）。

图5.27

4）炸鸡块

主料：鸡肉200克。

配料：柠檬、青辣椒适量，低筋面粉20克，天麸罗粉20克。

调料：味淋20克，浓口酱油20克，蛋黄1个，盐少许，色拉油少许，姜蓉少许，蒜蓉少许，白胡椒粉少许（图5.28）。

图5.28

制作步骤如下：

①将白胡椒粉、蒜蓉、姜蓉、盐加入鸡肉中（图5.29）。

图5.29

②再加入浓口酱油、味淋（图5.30）。

图5.30

③加入蛋黄（图5.31）。

图5.31

④加入面粉和天麸罗粉搅拌均匀（图5.32）。

图5.32

⑤将搅拌好的鸡肉块放入油锅中，当鸡肉块周围的泡泡变小、鸡肉块变硬时，就可以捞出沥油（图5.33）。

图5.33

⑥青辣椒炸后，装盘（图5.34）。

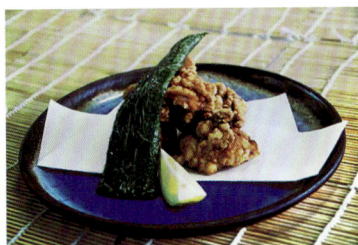

图5.34

5）变形炸

主料：芋头适量。

配料：面粉、开心果、花生、出汁、砂糖、薄口酱油适量。

调料：鸡蛋1个（图5.35）。

图5.35

制作步骤如下：

①将芋头切成相同大小的块（图5.36）。

图5.36

②将芋头用水（加出汁200毫升，砂糖少许，薄口酱油少许）煮至竹签可以轻轻穿透；用布擦干水后，依次沾上面粉、鸡蛋液、开心果和花生（图5.37）。

图5.37

③待油温升到170～180 ℃后，将沾好面粉、鸡蛋液、开心果、花生的芋头放入油中炸制（图5.38）。

图5.38

④将炸好的芋头装盘（图5.39）。

图5.39

蒸 物

【教学目标】

知识目标：了解蒸的烹调方法和蒸物制作。

能力目标：学会日本料理各种蒸物制作。

情感目标：培养对日本料理轻烹调饮食模式的理解和热爱，学会如何运用简单的烹调方法制作出美味佳肴。

【内容提要】

1. 日本料理蒸物介绍。
2. 日本料理蒸物种类和特点。
3. 学会制作茶碗蒸和土瓶蒸。

任务1 蒸物基础

6.1.1 蒸物介绍

蒸物，顾名思义就是以清蒸方式烹调的菜肴，其特色是清淡鲜嫩。

大部分的蒸物是以鱼类、海鲜以及鸡蛋为原料制作的。蒸这种烹制方式能够保持食物的原味。蒸物的主要品种有以料酒调味的"酒蒸"、以少许盐调味的"盐蒸"，以及用醋调味的"酢蒸"。

蒸物的显著特征就是汤汁较多，因此调理时必须使用器皿盛接。承接汤汁的器皿种类繁多，最普遍的是"茶碗蒸"，还有以蟹壳或贝壳作为容器的"壳蒸"。最具特色的是用高汤烹制的、用茶壶状陶器盛装的"土瓶蒸"。

6.1.2 蒸物的种类

1）酒蒸

将味道较淡的白身鱼或者鸡肉加入酒进行蒸煮，可有效去除腥味并产生丰富的口感。其代表料理有"酒蒸白贝"，先用昆布高汤调味，然后在新鲜的贝壳类食材上浇上烧酒蒸煮，由此直接引发贝壳类的鲜香味，引人入胜，而透明的蒸汁让此菜更上一个档次。

2）什锦蒸

将新鲜的鱼头等食材，配上豆腐、蔬菜等进行蒸煮，给人什锦火锅的感觉。食材本身的味道、风味，加上蔬菜的甘甜，共同酝酿出复杂的、无与伦比的口感体验。其代表料理为"鲷鱼头什锦蒸"，此料理将鲷鱼头与豆腐、蔬菜等一起蒸煮，由于味较淡，可加上什锦醋调味，给人抑扬顿挫的味觉享受。

3）芜菜（芜菁）蒸

这是在白身鱼、虾肉、鸡肉等上加入磨碎的芜菁进行蒸煮。它虽然只是简单地加上磨碎了的芜菁，但是却能给鸡肉、虾肉等带来不同的味觉变化。在甘鲷鱼上加入磨碎的芜菁蒸煮即为"甘鲷鱼芜菁蒸"，是京都蒸煮料理的代表作，被誉为寒冬不可或缺的料理之一。

4）薯蓉蒸

这是将山芋磨碎成泥，加在白色鱼或肉馅上进行蒸煮。其代表菜有"金目鲷鱼薯蓉蒸"，将山芋泥加在金目鲷鱼上蒸煮，再加上已经做好的薄芡，给人松软绵滑的口感。此外，加上荞麦高汤也可以增加味道的层次感，如果再加上小蘑菇，更能体验季节的风味。

5）杂煮蒸

这是将杂煮的食材依次摆放整齐后进行蒸煮，其成菜色彩鲜艳，让人目不暇接。一般将它作为正月的庆贺料理，与各式各样的当令食材自由搭配而成。其中最关键的步骤是食材的切法以及摆放，要给食客美好的视觉享受。

6）蔬菜蒸

这是在鸡肉上加上满满的蔬菜进行蒸煮。饱含着鸡肉香味和蔬菜青香的酱汁从菜品中缓缓流出，让人垂涎三尺。

7）茶碗蒸

这是以用高汤、味淋等烩制而成的蛋浆为主料，加上白身鱼、椎茸等食材一起蒸煮凝固而成的料理，给人入口香滑无比的体验，最为重要的是火候以及蒸煮时间的控制（待水沸腾后，再放原料入蒸锅，视盛物大小，一般中大火蒸10～15分钟即可）。

8）土瓶蒸

这是很有特色的一道日本料理，以陶制茶壶作为容器。其原料一般以菇类、海鲜、蔬菜及鱼板为主，原料的原汁融入高汤中，汤鲜味足，是许多人最喜欢喝的汤品。

任务2 蒸物制作

1）茶碗蒸

主料：鸡蛋1个，出汁200毫升。

配料：虾3只，珍姬菇少许，鸡肉30克，白果12个，百合10片。

调料：淡口2勺匙，清酒2勺匙，木鱼精，盐少许（图6.1）。

图6.1

制作步骤如下：

①先将调料煮沸让盐溶解，将鸡蛋搅拌均匀，加入冷却的调料搅拌（图6.2）。

图6.2

②用漏斗形滤网或筛子过滤蛋液（图6.3）。

图6.3

③将虾、珍姬菇、鸡肉、白果、百合煮至八成熟，特别是白果要煮软（图6.4）。

图6.4

④用布擦拭配料上沾的水分，将其放进容器，倒入蛋液，装至八分满（图6.5）。

图6.5

⑤将调制好的食材盖上盖子放在蒸笼上，先以中火蒸2分钟，再用小火蒸15～20分钟即可（图6.6）。

图6.6

2）莲藕蒸虾

主料：莲藕、虾适量。

配料：昆布、葱花、芥末适量。

调料：出汁、玉米淀粉、盐适量（图6.7）。

图6.7

制作步骤如下：

①莲藕去皮和老梗后，磨成蓉（图6.8）。

图6.8

②莲藕蓉加盐、玉米、淀粉，搅拌均匀（图6.9）。

图6.9

③在容器底部放上一小块昆布，将莲藕蓉摆放在上面（图6.10）。

图6.10

④将去掉壳和虾肠的虾放在莲藕蓉的上面（图6.11）。

图6.11

⑤盖好保鲜膜，放在蒸笼上蒸12分钟（图6.12）。

图6.12

⑥将用出汁、盐、玉米淀粉调成的汁淋在已蒸好的莲藕蓉上（图6.13）。

图6.13

⑦撒点葱花，挤上芥末酱，即可食用（图6.14）。

图6.14

寿 司

【教学目标】

知识目标：了解寿司文化及其特点。

能力目标：学会各类寿司的制作。

情感目标：培养对日本料理的热爱，遵守操作规范。

【内容提要】

1. 寿司的来源、种类等。

2. 寿司的制作方法。

任务1 寿司基础

在权威性的词典中，寿司的正确写法应该是"鮨"，更古一点的写法是"鮓"。现在已不多见，但其发音都是"sushi"。古代的"鮓"无论是制作方法还是形态、滋味都与今日的寿司大相径庭，而演变到今日的状态，也绝非一夜之间的突变。那么早期日本的"鮓"（准确表达方式应是驯鮓）是怎样一种食物呢？

7.1.1 寿司来源

寿司在公元927年完成的平安时代法典《延喜式》中就有记载。其基本原料应该是鱼、米饭和食盐，制作时，用食盐将肉质变硬后的鱼和米饭渍放在一起。经长久置放后，只吃已经有了酸味的鱼，这其实是一种保存食物的方法。米饭的淀粉因为乳酸菌的缘故而受到分解，产生乳酸，从而阻止腐败菌的繁殖，鱼类因此而得以长时间保存。当时的寿司，指的是一种保存鱼的方式，即在鱼身上抹上盐、用重物压紧，使之自然发酵。当产生酸味后，即可食用，其味甚佳。江户时代17世纪后半期开始出现的"生驯"，则与之有较大区别。它是将鱼和放入盐的米饭一起置放在一个容器内，经4～5天或是半个月之后，将鱼与米饭一起吃。米饭要让它发出酸味，与洗去酸味的鱼等捏在一起吃。而置放时间很短或差不多立即就能吃的"生驯"则称为"早驯"，这已经接近今天的寿司了。

7.1.2　寿司种类

平时我们所说的寿司，是指握寿司。到了江户时代的18世纪后半期，在鲔的制作上又出现了重大的革新。人们尝试用酒、酒糟、酒曲等来腌制鱼，试图不通过发酵就获得独特的风味，但似乎都未达到理想的效果。后来，人们索性就用醋来拌和米饭，用醋的酸味来替代原本通过发酵获得的酸味，这样的尝试渐渐取得了成功。在种种改良的基础上，终于在文政年间的江户市内，诞生了寿司中最具代表性的品种握寿司。实际上，除握寿司外，还有很多各式各样的寿司。在江户时代末期的19世纪中叶，现在日本寿司所具有的各种形态大致已经成熟。

除握寿司外，还有卷寿司、压寿司。卷寿司是把米饭、青瓜、金枪鱼、蛋及腌萝卜等材料用紫菜包着。压寿司则先是将米饭放入木盒中，铺上各式配料后加盖用力压，然后把木盒中的寿司抽出切成块状。另外，在一般寿司店可以品尝的手卷，其实是卷寿司的一种。18世纪，由于一些人终日流连赌场，为解决肚子饿的问题，但又怕饭黏着扑克及手指，就用紫菜将其卷起来，方便食用，渐渐成为今日的手卷。

寿司常见的种类如下：

1）握寿司

握寿司起源于日本江户时代，用手把米饭握成一口大小，涂上一层芥末酱，最后铺上配料。在日本，若不加以说明，寿司一词多指握寿司。真正的行家吃握寿司，是不用筷子的，以避免筷子把握寿司弄得四分五裂。一般的吃法是，用拇指与中指轻轻掐住寿司，食指用来按住鱼片与米饭，用鱼肉端蘸酱油（不用米饭处蘸酱油，是因为不仅饭粒会吸收过多酱汁，还会使饭粒因潮湿而松脱），采取鱼片朝上、米饭朝下的方式入口。

2）卷寿司

在小竹帘上面铺一层海苔（紫菜），再铺一层米饭，中间放上配料，卷起来成一长卷，然后切成小段，这就是卷寿司。按所用的包装材料不同，可分为海苔寿司卷、蛋皮寿司卷和豆腐皮寿司卷等。

3）太卷

太卷是直径比较大的一种卷寿司，通常有数种配料。

4）细卷

细卷是比较细的卷寿司，通常只含有一种配料。

5）翻卷

翻卷是反过来用海苔裹着最中心的配料，再裹以米饭，最外面撒一层芝麻，鱼子、蟹子等。

6）军舰卷

米饭用海苔裹成椭圆形的形状，配料放上面，这就是军舰卷。

7）手卷

将寿司卷成圆锥体形状，直接用手拿着吃，就是手卷。

8）押寿司

押寿司又称箱寿司、木条寿司或一夜寿司，主要流行于日本关西地区，是用长型小木箱（押箱）辅助制作而成的寿司。制作者先把配料铺在押箱的最底层，再放上米饭，然后用力把箱的盖子压下去。做成的寿司会变成四方形，最后切成"口"字形方块。

9）稻和寿司

用配料装着米饭制成的寿司称为稻和寿司，常见的配料有油炸豆腐皮、煎鸡蛋、椰菜等。

10）散寿司

将食材盛在碗里的米饭上，或拌进盛在碗里的米饭中，就是散寿司。

11）饭团

将食材切碎，与寿司饭（或米饭）拌匀，捏成圆柱形或三角形等，可贴上海苔食用。这种特别的寿司就是饭团。

任务2 寿司制作

1）青瓜小卷

主料：寿司饭100克，青瓜1条。

配料：海苔1张，红姜适量。

调料：日本辣根、日本酱油适量。

制作步骤如下：

①将海苔从中间对折分成两半（图7.1）。

图7.1

②取竹帘，将一半海苔平铺在竹帘上，铺上一层寿司饭（图7.2）。

图7.2

③将青瓜条放在铺好的寿司饭中间，抹上日本辣根（图7.3）。

图7.3

④将海苔卷成卷状，切成数段（图7.4）。

图7.4

⑤摆上红姜，装盘。食用时佐以日本酱油、红姜即可（图7.5）。

图7.5

2）太卷

主料：寿司饭300克，厚蛋烧1个。

配料：黄瓜条、烤鳗鱼、干瓢条、寿司虾、香菇、海苔适量。

调料：日本酱油、红姜适量。

制作步骤如下：

①整张海苔平铺在竹帘上，铺上寿司饭。厚蛋烧、黄瓜、香菇切条（图7.6）。

图7.6

②放入香菇、黄瓜条（图7.7）。

图7.7

③再放入厚蛋烧条、寿司虾、干瓢条（图7.8）。

图7.8

④将海苔卷起，握紧（图7.9）。

图7.9

⑤将海苔卷切成大小相等的数段（图7.10）。

图7.10

⑥装盘。食用时佐以日本酱油、红姜即可（图7.11）。

图7.11

3）加州卷

主料：寿司饭200克，红蟹子适量。

配料：牛油果半个，蟹柳两条，黄瓜条若干，海苔1张。

调料：日本辣根、酱油适量。

制作步骤如下：

①将海苔对折（图7.12）。

图7.12

②将牛油果、黄瓜切条（图7.13）。

图7.13

③将保鲜膜平铺在竹帘上（图7.14）。

图7.14

④取寿司饭铺在竹帘的中间位置（图7.15）。

图7.15

⑤将一张海苔放在寿司饭的中间，放黄瓜条、蟹柳（图7.16）。

图7.16

⑥挤上沙律酱（图7.17）。

图7.17

⑦放上牛油果（图7.18）。

图7.18

⑧将竹帘卷起（图7.19）。

图7.19

⑨打开保鲜膜，铺上红蟹子（图7.20）。

图7.20

⑩保鲜膜铺回原位，再卷紧（图7.21）。

图7.21

⑪将卷好的寿司条均匀地切成数段（图7.22）。

图7.22

⑫打开保鲜膜，装盘。食用时佐以日本辣根、酱油即可（图7.23）。

图7.23

4）炙烧三文鱼寿司

主料：寿司饭250克，新鲜三文鱼100克。

配料：红姜适量。

调料：日本辣根、日本酱油适量（图7.24）。

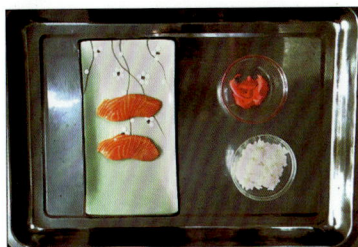

图7.24

制作步骤如下：

①将三文鱼吸干水分，片成大小合适的薄片。双手沾点凉开水，取适量寿司饭捏成椭圆形饭团（图7.25）。

图7.25

②在鱼片内抹上一层薄薄的日本辣根，将抹有日本辣根的鱼片内面朝上，置于手掌上，放上饭团轻压（图7.26）。

图7.26

③左手手指握住饭团，右手食指向下压饭团（图7.27）。

图7.27

④用喷火枪喷烤三文鱼表面10秒左右（图7.28）。

图7.28

⑤装盘。食用时佐以日本酱油、红姜即可（图7.29）。

图7.29

5）金枪鱼握寿司

主料：寿司饭200克，金枪鱼100克。

配料：红姜适量。

调料：日本辣根、日本酱油适量（图7.30）。

图7.30

制作步骤如下：

①将金枪鱼吸干水分。

②将金枪鱼片成薄片。

③双手沾点凉开水，取适量寿司饭捏成椭圆形饭团。

④将鱼片内面朝上放于手掌上，抹上日本辣根。

⑤放上饭团，轻压成型，放入盘中，食用佐以日本酱油即可（图7.31）。

图7.31

6）醋青鱼压寿司

主料：寿司饭、醋青鱼适量。

配料：无。

调料：日本辣根、日本酱油适量（图7.32）。

图7.32

制作步骤如下：

①将醋青鱼铺在模型的底部，在上面铺上寿司饭。待寿司饭铺满整个模型后，用模型的盖子盖紧（图7.33）。

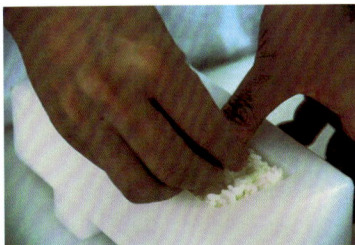

图7.33

②用双手压实模型（图7.34）。

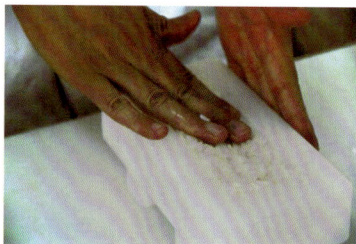

图7.34

③翻转模型，取出模型底部的盖子后，压寿司就做好了（图7.35）。

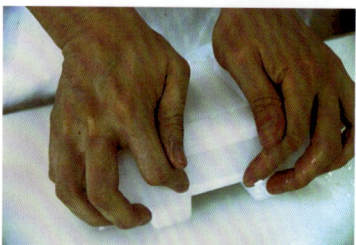

图7.35

④将压好的寿司切成均匀的数段（图7.36）。

图7.36

⑤用红姜装饰，装盘即可（图7.37）。

图7.37

7）金枪鱼手卷

主料：寿司饭200克，金枪鱼100克。

配料：海苔、红姜适量。

调料：日本酱油、日本辣根适量。

制作步骤如下：

①将金枪鱼吸干水分，切成细条状；海苔切成1/2宽条，将少许寿司饭铺在海苔的一角（图7.38）。

图7.38

②抹上日本辣根（图7.39）。

图7.39

③放上金枪鱼条（图7.40）。

图7.40

④卷成圆锥形（图7.41）。

图7.41

⑤食用时佐以日本酱油、红姜即可（图7.42）。

图7.42

8）寿司拼盘

主料：寿司饭、金枪鱼、左口鱼、三文鱼、醋青鱼、甜虾、厚蛋烧、青瓜适量。

配料：海苔、红蟹子、红姜适量。

调料：日本辣根、日本酱油适量（图7.43）。

图7.43

制作步骤如下：

①取半张海苔，将寿司饭平铺于海苔上，抹上少许日本辣根（图7.44）。

图7.44

②放入青瓜条（图7.45）。

图7.45

③将竹帘卷起（图7.46）。

图7.46

④将青瓜卷切段（图7.47）。

图7.47

⑤制作手握甜虾寿司（图7.48）。

图7.48

⑥制作手握厚蛋烧寿司、青瓜蟹子寿司等（图7.49）。

图7.49

⑦将制好的各种寿司装盘。食用时，佐以日本酱油即可（图7.50）。

图7.50

主食与其他

【教学目标】

知识目标：了解日本料理中主食的种类以及基本制作方法。

能力目标：学会基本日本料理主食的制作。

情感目标：培养对日本料理的热爱，遵守操作规范。

【内容提要】

1. 日本料理主食的种类。
2. 日本料理主食的制作方法。

任务1　主食种类

8.1.1　米饭种类

米饭的种类主要有以下8种。

1）白米饭

白米饭常在午餐和晚餐时食用，也有部分传统的日式早餐会配合生鸡蛋、豆浆或者纳豆等食用。

2）寿司

寿司在前文已作详细介绍，此处不再赘述。

3）盖饭（"丼"：深碗盖浇饭）

这是在煮熟的米饭上盖上其他菜制作的主食，比较受欢迎的有天麸罗、大碗鸡肉鸡蛋盖饭（亲子丼）、炸猪排（胜丼）和牛肉盖饭（牛丼）。

"丼"是日本人创制的汉字，基本的意思是深口的陶制大碗，最初用于盛面条。江户末年的19世纪前期，一个名叫大久保今助的饭店老板首先开创将烤河鳗置于米饭上的吃法。此后又产生了将天麸罗盖在米饭上的吃法。除此之外，在日本常见的还有"亲子丼""猪排丼""牛肉丼"，"海鲜丼"则属于高级料理系列。

"亲子丼"就是将鸡肉和鸡蛋做成菜肴盖在米饭上的深碗盖浇饭。鸡与鸡蛋乃亲子关系，人们便想出这样一个有趣的名称。具体制法是取鸡胸脯肉或腿肉若干、鸡蛋两个、洋葱若干，先将淡口酱油，用木鱼花、昆布熬制的鲜汤，以及用味淋、砂糖制成的调味料放入锅内，然后将切成小块的鸡肉、切成长条的洋葱等放进去，待锅的四周煮沸起泡时再放入打匀的鸡蛋，鸡蛋留1/4在碗内。待鸡蛋至七成熟时，倒入留出的鸡蛋。最后，轻轻将成菜倾倒在深碗内的米饭上。

"猪排丼"则先用肉锤拍打猪里脊肉，抹上食盐和胡椒，滚上面粉，裹上打匀的鸡蛋和面包糠，在165～170 ℃油温中炸至金黄色。另在锅中放入与亲子盖浇饭一样的调味汁，煮沸后放入一段段猪排，再煮沸之后放入切成长2～3厘米的鸭儿芹，将一个打匀的鸡蛋均匀浇在上面，焖上30秒，盖在米饭上即可。

"牛肉丼"则选用肥瘦搭配，切成细长薄片的牛肉，与洋葱一起用酱油、砂糖、甜酒、海鲜汤煮。煮至入味后与汤汁一起浇在米饭上，牛肉颜色鲜亮，米饭颗粒饱满，腹饥的时候很能勾起食欲。

4）三角饭团

三角饭团是将煮熟的米饭团成球状，在外面裹上海苔的米饭料理。三角饭团的味道有淡淡的咸味，中间一般裹有其他食物，如梅干、鲣节（熏制柴鱼）、金枪鱼或者大马哈鱼。三角饭团是很受欢迎且价格不贵的点心，在便利店就可以买到。

5）日式咖喱饭

日式咖喱饭是在煮熟的米饭上淋上咖喱汁制成的，也可在上面放猪排一类的其他食物。咖喱不是源自日本的调味料，但在日本已经使用了一个世纪。日本人对咖喱饭的制作逐渐进行了改良，使其滋味更为柔和并且带点甜味。日式咖喱饭是日本人非常喜爱的食物之一，到处有价格不贵的日式咖喱饭餐厅，尤其是在车站附近。

6）炒饭

炒饭是源于中国的一种食物，将米饭与豆子、鸡蛋、葱、切成丁的肉及胡萝卜等原料一起炒，是一种可充分利用剩余米饭的料理。

7）茶泡饭

茶泡饭是指在煮熟的米饭中加入绿茶，以及其他类似于大马哈鱼子和鳕鱼子的食物，也是一种可充分利用剩余米饭的料理。

8）粥

粥是一种煮得很软的大米稀饭，可以充分利用剩余米饭。因为其利消化，所以适合病人食用。

8.1.2　面食

日本料理中有很多日本传统的和海外传入的面食，深受日本人的欢迎。面食的种类主要有以下5种：

1）荞麦面

荞麦面是用荞麦粉做成的日本传统面条，粗细和意大利面差不多，在面条上盖浇各种食物，冷食和热食皆可。

2）乌冬面

乌冬面是日本的传统面食，用小麦面粉做成。乌冬面比荞麦面细，冷吃、热吃皆宜，还可以和其他各种各样的配菜一起吃。

3）拉面

日本拉面与中国汤面差不多，关键在于面的品质与汤的滋味，以及两者能恰到好处地融为一体。日本拉面有汤汁和盖在面上的其他材料。拉面是从中国流传到日本的，很受日本人的欢迎。从口味上来说，拉面主要分为酱油、盐味和味噌3种。东京地区以酱油著称；而盐味是九州，尤其是博多（即福冈）拉面的特色；至于味噌，则是北海道札幌地区的发明。

4）素面

素面和乌冬面极为相似，也是日本传统的面食之一，但要比乌冬面和荞麦面细得多，一般冷食。

5）炒荞麦面

炒荞麦面是用荞麦面制成的加了蔬菜、姜和肉的炒面。

任务2 主食制作

1）海鲜饭

主料：米饭。

配料：元贝、北极贝、甜虾、三文鱼、鳗鱼、烤三文鱼、海苔丝、白芝麻、三文鱼子、大叶、淮山泥、红蟹子、生菜丝适量。

调料：日本酱油、日本辣根适量（图8.1）。

图8.1

制作步骤如下：

①将三文鱼切片，处理干净北极贝；在3个碗中盛六分满的饭（图8.2）。

图8.2

②第一个碗中放海苔丝，三文鱼沾上酱油后铺在饭面上（图8.3）。

图8.3

③将北极贝、鳗鱼沾上酱油后摆在三文鱼旁边（图8.4）。

图8.4

④将用喷火枪喷烤至半熟的元贝放在碗中（图8.5）。

图8.5

⑤放上三文鱼子和日本辣根（图8.6）。

图8.6

⑥中间的碗放生菜丝、海苔丝，铺于饭面（图8.7）。

图8.7

⑦将淮山泥平铺在饭面上，用大叶点缀（图8.8）。

图8.8

⑧第三个碗中，饭面上撒一些白芝麻（图8.9）。

图8.9

⑨将烤好的三文鱼铺在饭面上（图8.10）。

图8.10

⑩用红蟹子点缀（图8.11）。

图8.11

⑪装盘即可（图8.12）。

图8.12

2）海鲜丼

将米饭铺在盘子底部，将各类刺身原料及装饰物按照摆盘要领摆盘。一般选用的材料有醋青花鱼、金枪鱼、三文鱼、扇贝、牡丹虾、海胆、带子、鱼子等。待米饭盛有六分满后，将选好的材料——沾上日本酱料就可以往上摆放了（图8.13）。

图8.13

3）茶泡饭

主料：盐烤三文鱼100克，白饭200克，煎茶400毫升。
配料：烤海苔半片，荷兰豆少许，白芝麻1勺匙。

调料：盐、日本辣根适量。

制作步骤如下：

①白芝麻以小火炒至散发香气，撒在饭面上（图8.14）。

图8.14

②放上三文鱼，注意将饭堆得像一座小山（图8.15）。

图8.15

③撒上荷兰豆、盐（图8.16）。

图8.16

④撒上海苔丝（图8.17）。

图8.17

⑤食用前，慢慢倒入温热的煎茶。食用时，根据个人喜好拌入日本辣根即可（图8.18）。

图8.18

4）山药泥拌纳豆

主料：山药100克，纳豆1盒。

配料：鹌鹑蛋1个，葱花少许，海苔半张。

调料：寿司醋或白醋少许。

制作步骤如下：

①将海苔剪成细丝（图8.19）。

图8.19

②山药洗净、去皮，将山药放入带有白醋的水中浸泡10分钟，然后用搅拌机搅成泥状（图8.20）。

图8.20

③将山药泥放入碗中，加入纳豆、鹌鹑蛋，食用时放入葱花、海苔丝拌匀即可（图8.21）。

图8.21

5）前菜

主料：蟹柳、北极贝、元贝、鳗鱼适量。

配料：青瓜、荷兰豆、昆布适量。

调料：盐、寿司醋适量（图8.22）。

图8.22

制作步骤如下：

①青瓜对半切开，用勺子刮空中间的瓤（图8.23）。

图8.23

②青瓜切薄片，放盐水加昆布浸泡20分钟（图8.24）。

图8.24

③青瓜握干水分，放入寿司醋中浸泡5分钟（图8.25）。

图8.25

④将青瓜取出，拧干水分后置于碗中（图8.26）。

图8.26

⑤将喷火枪喷烤过的元贝、蟹柳、北极贝、鳗鱼依次摆放好（图8.27）。

图8.27

⑥荷兰豆焯水后切好作为装饰，淋上寿司醋即可（图8.28）。

图8.28

汤　品

【教学目标】

知识目标：了解日本料理汤品的制作。

能力目标：学会制作最基本的日本料理汤品。

情感目标：培养对日本料理的热爱，遵守操作规范。

【内容提要】

1. 汤品的制作方法。

2. 味噌汤的制作方法。

任务1　汤品基础

每天都会出现在餐桌上的汤品，只要选择不同的配料、高汤与味噌，就可以享受无穷的变化。在日本料理餐厅里，汤品非常重要，几乎决定着厨师的手艺与餐厅的等级。

汤品的主角是高汤，应使用加了调味料的高汤，而不要使用即溶高汤。高汤要自己煮，或直接用配料煮出的汤汁。汤品可以选择当季或色彩鲜艳的食材，注重视觉享受。

味噌汤基本上要搭配其他料理一起吃，也可只喝汤。每天吃大豆做成的味噌、蔬菜，身体就能获得必需的营养。

日本菜的汤类主要有如下3种：

1）先碗汤

先碗汤就是饭前先上的汤，属清汤类。一般用木鱼花一遍汤做，要保证清澈见底、口味清淡，并保持汤料的鲜味，且汤料不宜过多。

2）潮汁

潮汁一般属于清汤类，以鱼类、贝类为主要原料，汤味体现鱼类、贝类本身的味道，并要清淡。鲷鱼头汤和文蛤汤都属于这一类。做此汤一般要慢慢加热，煮出原料的鲜味，不宜使用旺火，故称潮汁。潮汁应加季节味作料提鲜，如花椒叶、柚子皮、土当归，并较多使用清酒。此汤一般用作饭前汤。

3）后碗汤

后碗汤也称为浓汤、酱汤，主要以大酱为原料，调味使用木鱼花二遍汤。大酱一般将3种酱料混合在一起使用，如赤大酱、白大酱、八丁酱。也有单用白大酱做酱汤的，颜色为白色，使用的酱为西京白酱（口味甜的一种酱）。

任务2 汤品制作

1）味噌汤

主料：二遍出汁200毫升，味噌酱30克。

配料：内酯豆腐1/4块，裙带菜、葱花少许。

调料：盐少许。

制作步骤如下：

①出汁煮至微微沸腾，将味噌酱倒入出汁中，用打蛋器搅拌均匀（图9.1）。

图9.1

②把内酯豆腐切成小正方块，豆腐、裙带菜、葱花放入味噌汤中（图9.2）。

图9.2

③将煮至微滚的味噌汤倒入碗中即可，在味噌汤中可随个人喜好加入白贝、胡萝卜等食材（图9.3）。

图9.3

2）土瓶蒸

土瓶蒸的原料一般以菇类、海鲜、蔬菜为主。原料的原汁融入高汤中，汤鲜味足，是许多人喜欢喝的汤品。

主料：虾3只，白果4个，鸡胸肉20克，百合少许，鲜冬菇1个。

配料：葱少许。

调料：出汁200毫升，淡口酱油1/2勺匙，清酒1/2勺匙，盐少许（图9.4）。

图9.4

制作步骤如下：

①用刀将鲜冬菇切成4等份。

②虾去壳后，放热水中焯一下，变色后，取出，用冷水冷却后去除肠线。

③白果去皮稍微煮软（图9.5）。

图9.5

④鸡胸肉去筋、去皮后，切成2～3毫米长的肉丝。撒少许盐、淀粉混合均匀，在热水中焯一下，冷却。

⑤将虾肉、鸡胸肉、白果、百合、鲜冬菇、葱段放入土瓶中（图9.6）。

图9.6

⑥制作汤底，加出汁、盐、淡口酱油、清酒煮沸，倒入土瓶中（图9.7）。

图9.7

⑦将土瓶放进蒸笼或者蒸锅中，大火蒸10分钟（图9.8）。

图9.8

⑧汤蒸好后即可饮用，味道鲜美（图9.9）。

图9.9

日本清酒

【教学目标】

知识目标：了解日本清酒的起源、分类、特点、酿造工艺、保藏等基础知识。

能力目标：学会基础的清酒服务知识。

情感目标：培养对日本料理的热爱，遵守操作规范。

【内容提要】

1. 日本清酒的分类及特点。
2. 日本清酒的酿造工艺。
3. 日本清酒的贮存期分类。
4. 日本清酒的保藏与饮食服务。

任务1　清酒的起源

日本清酒是借鉴中国黄酒的酿造法而发展起来的日本国酒。日本人认为，清酒是上天的恩赐。1 000多年来，清酒一直是日本人最常喝的饮料。在大型的宴会、结婚典礼上，在酒吧间或寻常百姓的餐桌上，都可以看到清酒的身影。清酒已成为日本的国粹。

据中国史书记载，古时候日本只有"浊酒"，没有清酒。后来有人在浊酒中加入石炭，使其沉淀，取其清澈的酒液饮用，才有了"清酒"之名。公元7世纪中叶之后，朝鲜半岛上的古国百济与中国常有来往，并成为中国文化传入日本的桥梁。因此，中国用"曲种"酿酒的技术就由百济人传播到日本，使日本的酿酒业得到了很大的进步和发展。到了公元14世纪，日本的酿酒技术日臻成熟，人们用传统的清酒酿造法生产出质量上乘的产品，尤其以在奈良地区所产的清酒最负盛名。

自19世纪后半叶的日本明治维新运动之后，日本清酒的质量逐渐下降，尤其是在第二次世界大战期间，日本酒商往清酒中加入大量的食用酒精，以增加酿酒量，牟取暴利，使清酒所具有的独特风味黯然失色。因此，日本老人称这种低劣的清酒为"乱世之酒"，赞誉原来纯正的日本清酒为"太平之酒"。由于清酒酿造业受到历史上"乱世"的影响，给日本消费者留下了不良的印象，加上新一代日本人崇尚饮用啤酒和烈性酒，因此清酒的销售量逐年下降。现在，日本清酒的质量虽然已恢复至原来的水平，并且利用现代酿造技术和设备不断提高产品质量，但其产品仅占日本酒类市场销售量的15%。

任务2　清酒的酿造工艺

1）用水

清酒酿造过程中的浸米、投料、调配、洗涤及锅炉等各项用水，总量约为原料米的20～30倍，清酒80%以上的成分是水。从清酒的酿制角度来说，把既能促进微生物生长又能促进酒发酵的，含有钾、镁、氯、磷酸等成分的水视为强水，可酿制辣口酒；反之，即是弱水，可酿制甜酒。从西宫市到神户市滩区离海岸1千米地区、深5～6米的浅井水是日本久负盛名的滩之宫水，它是强水。清酒的酿制用水，一般要求水质的无机含量成分达到标准。这样就要求对强水进行净化，对弱水适当添加成分。

2）用米

一般要求选择大粒，软质（即吸水力强，饭粒内软外硬且有弹性，米曲霉繁殖容易，醪中溶解性良好），心白率高，蛋白质及脂肪含量少，淀粉含量高，酿造容易的米。

日本清酒中的制曲、酒母及发酵用米都是用精白的粳米，仅有少量清酒在酿造时，在快速成形的发酵醪中添加部分糯米糖化液，以调整其成分。

3）洗米、浸米

洗米的目的是除去附在米上的糖、尘土及杂物。浸米的时间与米的精白度有关，从吟酿米几分钟到精白度低的米一昼夜不等，浸米温度以10～13℃为宜，浸米后的白米含水量以28%～29%为适度，沥干即放水。

4）蒸饭

将白米的生淀粉加热，使其胶化或成为糊状，以使酶易于作用。前期水以蒸汽方式通过米层，在米粒表面结露及凝缩水；后期是凝缩水向米粒内部渗透，主要使淀粉胶化及蛋白质变性等。

5）米曲

清酒酿造一般用两类微生物：制造米曲用米曲霉，培养酒母用优良清酒酵母。

制曲是清酒酿造的首要环节，日本历来有一曲二酲（酒母）三造（醪）的说法，曲的作用有三：一是为酒母和醪提供酶源，使饭粒的淀粉、蛋白质和脂肪等溶出和分解；二是在曲霉菌繁殖和产酶的同时生成葡萄糖、氨基酸、维生素成分，这是清酒酵母的营养源；三是曲香及米曲的其他成分有助于形成清酒独特的风味。

6）发酵

醪发酵是清酒酿造过程成败的关键，它起着组合原料、米曲、酒母的作用，直接影响到酒品的质量。清酒醪一般在敞口窗口内开放的状态下发酵，清酒发酵温度通常为15 ℃左右（一般为10～18 ℃），吟酿酒在10 ℃左右。

7）压滤、灭菌、贮存

压滤一般有袋滤和自动压榨机压滤两种。经压滤得到的酒液含有纤维素、淀粉及酵母等物质，会使清酒香味起变化，必须澄清、过滤。为了脱色和调整香味，在过滤时应加一定量的活性炭。

灭菌时温度通常为60 ℃，时间为2～3分钟，现在提高到61～64 ℃。灭菌后的清酒进入贮藏罐时的温度为61～62 ℃。

清酒一般采用10 ℃左右的低温冷藏，其贮存期通常为半年到一年，经过一个夏季，酒味圆润者为好酒。

任务3 清酒的分类

10.3.1 按制法不同分类

1）纯米酿造酒

纯米酿造酒即为纯米酒，仅以米、米曲和水为原料，不外加食用酒精。此类产品多供外销。

2）普通酿造酒

普通酿造酒属低档的大众清酒，是在原酒液中兑入较多的食用酒精，即1吨原料米的醪液添加100%的酒精120升。

3）增酿造酒

增酿造酒是一种浓而甜的清酒，在勾兑时添加食用酒精、糖类、酸类、氨基酸、盐类等原料调制而成。

4）本酿造酒

本酿造酒属中档清酒，其食用酒精加入量低于普通酿造酒。

5）吟酿造酒

制作吟酿造酒时，要求所用原料的精米率在60%以下。日本酿造清酒很讲究糙米的精白程度，以精米率来衡量精白度，精白度越高，精米率就越低。精白后的米吸水快，容易蒸熟、糊化，有利于提高酒的质量。吟酿造酒被誉为"清酒之王"。

10.3.2 按口味分类

1）甜口酒

甜口酒为含糖分较多、酸度较低的酒。

2）辣口酒

辣口酒为含糖分少、酸度较高的酒。

3）浓醇酒

浓醇酒为含浸出物及糖分多、口味浓厚的酒。

4）淡丽酒

淡丽酒为含浸出物及糖分少且爽口的酒。

5）高酸味酒

高酸味酒是以酸度高、酸味大为特征的酒。

6）原酒

原酒是制成后不加水稀释的清酒。

7）市售酒

市售酒指原酒加水稀释后装瓶出售的酒。

10.3.3　按贮存期分类

1）新酒

新酒是指压滤后未过夏的清酒。

2）老酒

老酒是指贮存过一个夏季的清酒。

3）老陈酒

老陈酒是指贮存过两个夏季的清酒。

4）秘藏酒

秘藏酒是指酒龄为5年以上的清酒。

10.3.4　按酒税法规定的级别分类

1）特级清酒

品质优良，酒精含量16%以上，原浸出物浓度在30%以上。

2）一级清酒

品质较优，酒精含量16%以上，原浸出物浓度在29%以上。

3）二级清酒

品质一般，酒精含量15%以上，原浸出物浓度在26.5%以上。

根据日本法律规定，特级与一级的清酒必须送交政府有关部门鉴定通过，方可列入等级。由于日本酒税很高，特级的酒税是二级的4倍，有的酒商常将特级产品以二级产品名义销售，因此受到内行饮家的欢迎。但是，从1992年开始，这种传统的分类法被取消了，取而代之的是按酿造原料的优劣、发酵的温度和时间，以及是否添加食用酒精等来分类，并标出"纯米酒""超纯米酒"的字样。

任务4 清酒的特点

虽然日本清酒借鉴了中国黄酒的酿造法，但却有别于中国的黄酒。该酒色泽呈淡黄色或无色，清亮透明，芳香宜人，口味纯正，绵柔爽口，其酸、甜、苦、涩、辣诸味谐调，酒精含量在15%以上，含多种氨基酸、维生素，是营养丰富的饮料酒。

日本清酒的制作工艺十分考究。精选的大米要经过磨皮，使大米精白，浸渍时吸收水分才快，而且容易蒸熟。发酵时又分成前、后发酵两个阶段。杀菌处理在装瓶前、后各进行一次，以确保酒的保质期。勾兑酒液时注重规格和标准，如"松竹梅"清酒的质量标准是：酒精含量18%，含糖量35克/升，含酸量0.3克/升以下。

任务5 清酒的命名与主要品牌

清酒的牌名很多，仅日本《铭酒事典》中介绍的就有400余种，命名方法各异。有的用一年四季的花木和鸟兽及自然风光等命名，如白藤、鹤仙等；有的以地名或名胜定名，如富士、秋田锦等；也有以清酒的原料、酿造方法或酒的口味取名的，如本格辣口、大吟酿、纯米酒等；还有以各类誉词作为酒名的，如福禄寿、国之誉、长者盛等。

最常见的日本清酒品牌有月桂冠、樱正宗、大关、白鹰、贺茂鹤、白牡丹、千福、日本盛、松竹梅及秀兰等。

任务6 清酒的新产品

近几年来，为适应饮食习惯的变化，日本开发了许多清酒的新产品。

1）浊酒

浊酒是与清酒相对的。清酒醪经压滤后所得的新酒，静置一周后，抽出上清部分，其留下的白浊部分即为浊酒。

浊酒的特点之一是有生酵母存在，会连续发酵产生二氧化碳，因此应用特殊瓶塞和耐压瓶子包装。装瓶后加热到65 ℃灭菌或低温贮存，并尽快饮用。此酒被认为外观珍奇，口味独特。

2）红酒

在清酒醪中添加红曲的酒精浸泡液，再加入糖类及谷氨酸钠，即可调配成具有鲜味且糖度与酒度均较高的红酒。由于红酒易褪色，在选用瓶子及选择库房时要注意避光性，应尽快销售、饮用。

3）红色清酒

该酒是在清酒醪主发酵结束后，加入酒度为60度以上的酒精红曲浸泡而制成的。红曲用量以制曲原料米计，为总米量的25%以下。

4）赤酒

该酒在第三次投料时，加入总米量2%的麦芽以促进糖化。另外，在压榨前一天加入一定量的石灰，在微碱性条件下，糖与氨基酸结合成氨基糖，呈红褐色，而不使用红曲。此酒为日本熊本县特产，多在举行婚礼时饮用。

5）贵酿酒

贵酿酒与我国黄酒类的善酿酒的加工原理相同。投料水的一部分用清酒代替，使醪的温度达9~10 ℃，即抑制酵母的发酵速度，而白糖化生成的浸出物则残留较多，制成浓醇而香甜型的清酒。此酒多以小瓶包装出售。

6）高酸味清酒

这是利用白曲霉及葡萄酵母，采用高温糖化酵母，醪发酵最高温度21 ℃，发酵9天制成的类似干葡萄酒型的清酒。

7）低酒度清酒

酒度为10~13度，适合女士饮用。低酒度清酒市面上有3种：一是普通清酒（酒度12度左右）加水；二是纯米酒加水；三是柔和型低度清酒，在发酵后期追加水与曲，使醪继续糖化和发酵，待最终酒度达12度时压榨制成。

8）长期贮存酒

清酒一般在压榨后的3~15个月内销售，当年10月酿制的酒，到次年5月出库。但消费者要求饮用如中国绍兴酒那样长期贮存的香味酒。老酒型的长期贮存酒，为添加少量食用酒精的本酿造酒或纯米清酒。贮存时，应尽量避免光线和接触空气。凡5年以上的长期贮存酒称为"秘藏酒"。

9）发泡清酒

这是将通常的清酒醪发酵10天后，即进行压榨，滤液用糖化液调整至3个波美度，加入新鲜酵母再发酵；室温从15 ℃逐渐降到0 ℃以下，使二氧化碳大量溶解于酒中，用压滤机过滤后，以原曲耐压罐贮存，在低温条件下装瓶，瓶口加软木塞并用铁丝固定，60 ℃灭菌15分钟制成的清酒。发泡清酒在制法上兼具啤酒和清酒酿造工艺，在风味上兼备清酒及发泡性葡萄酒的风味。

10）活性清酒

该酒为不杀死酵母即出售的活性清酒。

11）着色清酒

将色米的食用酒精浸泡液加人清酒中，便成着色清酒。中国台湾地区和菲律宾的褐色米、日本的赤褐色米、泰国及印度尼西亚的紫红色米，表皮都含有花色素系的黑紫色或红色素成分，是生产着色清酒的首选色米。

任务7 清酒的包装与保藏

10.7.1 清酒的包装

目前，日本清酒多采用瓶式包装或杯式包装，容量有300毫升、330毫升、540毫升、700毫升、720毫升、1 800毫升等多种，也有采用3.6升、5.4升、9升、18升、36升及72升等各类容器包装的。但市场上1 800毫升的瓶装酒占90%以上，如白鹤、松竹梅、月桂冠等清酒，大多采用1 800毫升的瓶装；泽之鹤、瑞兆大吟酿，也为1 800毫升瓶装酒，并用草编织物包裹。松竹梅、日本盛有用300毫升玻璃瓶包装的；白雪牌清酒也有用750毫升及300毫升白瓷瓶包装的，并附带白瓷杯。部分高档清酒用720毫升的绿瓶包装，球肚上有两小块平面作贴标用；樱正宗清酒有用瓶身矮扁的平底瓶包装的，其瓶身不平的两面呈弧形，容量为720毫升；秀兰牌清酒的瓶子更为独特，其瓶底的大半部呈斜面，置于桌上时酒瓶稍斜而立。大关牌清酒的小包装为300毫升的玻璃杯，带螺扣的盖内面有小标签，可从上面透视，杯上标签正面的内容与一般标签相似，但其反面有风景画。由于酒液清澈如水，因此在杯的另一面可看清画面。这种包装适于旅行，或在宴会上将杯子兼作酒杯使用。特级瓶装清酒多采用高分子等材料制作内塞，其外面加有螺扣的金属帽盖，瓶酒装入带尼龙绳的手提式纸盒内，有些纸盒呈黑色。采用坛式包装的清酒，外面用草帘包住，并用草绳捆扎牢固，既携带方便，又十分美观，坛的下方有倒酒用的开口。

10.7.2 清酒的保藏

清酒是一种谷物原汁酒，不宜久藏，且很容易受日光的影响。白色瓶装清酒在日光下直射3小时，其颜色会加深3~5倍。即使库内散光，长时间的照射影响也很大。所以，应尽可能避光保存，酒库内保持洁净、干爽。同时，要求低温（10~12 ℃）贮存，贮存期通常为半年至一年。

任务8 清酒的饮用与服务

1）酒杯

饮用清酒时可采用浅平碗或小陶瓷杯，也可选用褐色或青紫色玻璃杯。酒杯应清洗干净。

2）饮用温度

清酒一般在常温（16 ℃左右）下饮用，冬天需温烫后饮用，加温一般至40~50 ℃，用浅平碗或小陶瓷杯盛饮。

3）饮用时间

清酒可作为佐餐酒，也可作为餐后酒。

任务9　清酒如何搭配美食

1）搭配刺身——吟酿酒

因为刺身以品尝食物的本味为主，所以必须小心选择用来搭配的酒，否则酒味过重，容易掩盖刺身的味道。应选用清酒中等级最高的吟酿酒。这类酒不会有太强烈的味道，淡淡的酸甜平衡的风味刚好与刺身的新鲜味相得益彰。

2）搭配扬物——本吟酿

天麸罗和其他扬物通常含有较高的油脂香味，味道较重。吃这类菜肴时，会感觉到油脂覆盖在舌头上，喝清酒的话口感会特别滑，因此不需要搭配高档的吟酿酒去搭配天麸罗。相反，价格较低的本吟酿就是不错的选择。这类酒通常含有较浓郁的鲜味，对味道香浓的天麸罗等扬物是不错的补充，而且不会相互掩盖对方的味道。

3）煮物——纯米酒

煮物的味道也是比较浓郁的，但是跟扬物的油脂感不一样。煮物通常呈现比较甜的味道，也能部分保留食材的鲜美。选择纯米酒或者含有酒粕的浊酒，米香味浓郁，刚好能与煮物的甜美味道相搭配。

4）烧物——高酸味清酒

因为烤物都是直接在火上烤的，口感偏干，味道比较香浓，特别是肉类食物香气浓郁。这一类食物，最好用酸味比较浓重的酒，可以化解因吃肉过多产生的腻感。

参考文献

[1] 徐在实.日本料理[M].金华园，文忠实，译.沈阳：辽宁民族出版社，2006.

[2] 蔡新发.精致日本料理[M].2版.青岛：青岛出版社，2011.

[3] 王森.日本料理[M].北京：中国轻工业出版社，2018.

[4] 上海光大会展中心国际大酒店.日本料理[M].上海：上海科技教育出版社，2004.